Hassen Sabeur

Comportement du béton soumis à des cycles de chauffage refroidissement

Hassen Sabeur

Comportement du béton soumis à des cycles de chauffage refroidissement

Effets des cycles de chauffage-refroidissement sur les déformations thermiques de différents types de béton

Presses Académiques Francophones

Impressum / Mentions légales
Bibliografische Information der Deutschen Nationalbibliothek: Die Deutsche Nationalbibliothek verzeichnet diese Publikation in der Deutschen Nationalbibliografie; detaillierte bibliografische Daten sind im Internet über http://dnb.d-nb.de abrufbar.
Alle in diesem Buch genannten Marken und Produktnamen unterliegen warenzeichen-, marken- oder patentrechtlichem Schutz bzw. sind Warenzeichen oder eingetragene Warenzeichen der jeweiligen Inhaber. Die Wiedergabe von Marken, Produktnamen, Gebrauchsnamen, Handelsnamen, Warenbezeichnungen u.s.w. in diesem Werk berechtigt auch ohne besondere Kennzeichnung nicht zu der Annahme, dass solche Namen im Sinne der Warenzeichen- und Markenschutzgesetzgebung als frei zu betrachten wären und daher von jedermann benutzt werden dürften.

Information bibliographique publiée par la Deutsche Nationalbibliothek: La Deutsche Nationalbibliothek inscrit cette publication à la Deutsche Nationalbibliografie; des données bibliographiques détaillées sont disponibles sur internet à l'adresse http://dnb.d-nb.de.
Toutes marques et noms de produits mentionnés dans ce livre demeurent sous la protection des marques, des marques déposées et des brevets, et sont des marques ou des marques déposées de leurs détenteurs respectifs. L'utilisation des marques, noms de produits, noms communs, noms commerciaux, descriptions de produits, etc, même sans qu'ils soient mentionnés de façon particulière dans ce livre ne signifie en aucune façon que ces noms peuvent être utilisés sans restriction à l'égard de la législation pour la protection des marques et des marques déposées et pourraient donc être utilisés par quiconque.

Coverbild / Photo de couverture: www.ingimage.com

Verlag / Editeur:
Presses Académiques Francophones
ist ein Imprint der / est une marque déposée de
OmniScriptum GmbH & Co. KG
Heinrich-Böcking-Str. 6-8, 66121 Saarbrücken, Deutschland / Allemagne
Email: info@presses-academiques.com

Herstellung: siehe letzte Seite /
Impression: voir la dernière page
ISBN: 978-3-8381-4898-4

Zugl. / Agréé par: Tunis, Université de Carthage, 2014

Copyright / Droit d'auteur © 2014 OmniScriptum GmbH & Co. KG
Alle Rechte vorbehalten. / Tous droits réservés. Saarbrücken 2014

ETUDE DU COMPORTEMENT DU BETON SOUMIS A DES CYCLES DE CHAUFFAGE- REFROIDISSEMENT

AUTEUR:

SABEUR HASSEN

Résumé

RESUME

De nos jours, le béton est utilisé dans toutes les applications du génie civil y compris les bâtiments industriels, les structures en béton préfabriqué, les immeubles, les plates formes pétrolières, les centrales nucléaires et les tunnels. Le plus grand danger qui met en risque toutes ces structures en béton sera toujours l'exposition à de hautes températures et plus particulièrement au feu. Plus grave encore sont les différents incendies qui ont eu lieu dans les tunnels européens (sous la Manche, Le Mont-Blanc, Great Belt Link, Tauern) et la récente catastrophe à la centrale nucléaire au japon. Ces catastrophes ont entraîné des dommages aux structures en béton ainsi que des pertes humaines et économiques très importantes. Ainsi, l'étude du comportement du béton à de hautes températures reste toujours comme un sujet de grand intérêt pour les chercheurs en génie civil.

En effet, dans la partie chauffage, quand le béton est exposé à de hautes températures, des transferts de chaleur et des transports de masses fluides ont lieu dans le matériau, ce qui cause des expansions thermiques et le développement de pressions de pores. En outre, la microstructure du béton est soumise à des modifications physico-chimiques qui influencent fortement son comportement, induisant une détérioration de ses propriétés mécaniques (résistance et rigidité). L'effet combiné du développement et l'augmentation des pressions de pores, des déformations thermiques empêchées, du chargement appliqué et de la dégradation des propriétés mécaniques du béton peut causer, sous ces conditions sévères, l'éclatement du béton.

En outre, dans la partie refroidissement, cette dégradation des propriétés mécaniques continue à croître résultant en un grand endommagement du matériau. En effet, l'absence de la déformation thermique transitoire durant cette phase de refroidissement entraîne une déformation résiduelle très importante car les contraintes entre la pâte qui subit un retrait important et les granulats qui se dilatent ne sont pas relaxées par son effet, d'où la valeur importante pour la déformation totale. En outre dans cette phase, le deuxième mécanisme qui intervient dans le processus de la dégradation du matériau béton est lié à la réaction de la chaux, l'un des produits de la déshydratation, avec l'eau présente dans l'environnement. Cette réaction est la suivante : $CaO + H_2O = Ca(OH)_2$. Le produit de cette réaction la portlandite possède un volume plus important que la CaO. Cette augmentation du volume engendre une fissuration supplémentaire qui entraîne une réduction de la résistance en compression et une baisse du module d'élasticité.

Dans ce travail de recherche, un modèle thermo-hydro-mécanique couplé est présenté afin de simuler le comportement du béton au cours d'un cycle de chauffage-refroidissement et particulièrement la composante du fluage thermique transitoire. Cette déformation est décomposée en fluage de dessiccation et une composante de fluage de déshydratation qui se produit avec la même cinétique que le processus de déshydratation.

En outre, les variations du fluage thermique transitoire du béton à haute performance, à haute résistance et du béton ordinaire ainsi que les variations de la déformation élastique et du module d'Young du béton à haute performance (BHP) et du béton ordinaire (BO) au cours d'un cycle de chauffage refroidissement sont présentées. Durant la phase de chauffage, différentes vitesses de chauffage sont appliquées pour atteindre les plateaux de températures maintenus durant des heurs afin d'assurer la stabilisation de la température interne et les différents phénomènes physico-chimiques. En outre, l'influence de la différence entre les compositions de bétons et de la vitesse de chauffage sur ces variations est également présentée.

Abstract

ABSTRACT

Nowadays, concrete is used in all civil engineering applications including industrial buildings, precast concrete structures, buildings, oil platform, nuclear power plant and tunnels. The greatest danger that puts at risk all the concrete structures will always be: exposed to high temperatures and particularly fire. Worse still are the different fires that occur in European tunnels (the Channel Mont Blanc Great Belt Link, Tauern) and the recent disaster at the nuclear plant in Japan. These disasters have caused damage to concrete structures as well as very significant human and economic losses. Thus, the study of the behavior of concrete at high temperatures remains as a topic of great interest to researchers in civil engineering.

Indeed, in the heating part, when the concrete is exposed to high temperature, heat transfer and transport of fluid masses take place in the material, causing thermal expansion and the development of pore pressures. In addition, the microstructure of the concrete is subjected to physico-chemical changes which strongly influence its behavior, inducing a deterioration of its mechanical properties (strength and rigidity). The combined effect of development and increased pore pressures, thermal deformations prevented, loading applied and the degradation of the mechanical properties of concrete can result, in such severe conditions, the spalling of concrete.

Furthermore, in the cooling part, this degradation of the mechanical properties continues to increase resulting in a great damage to the material. Indeed, the absence of the transient thermal deformation during the cooling phase induces an important residual strain since the stresses between the cement paste which undergoes shrinkage and aggregates which expand are not relaxed by its effect. Hence, the significant value for the total deformation.

Also in this cooling part, the second mechanism involved in the degradation process of the concrete material is the formation of a new portlandite composed of the lime CaO (a product of dehydration) and the water which exists in the environment by the following reaction : $CaO + H_2O = Ca(OH)_2$. The new portlandite thus formed is accompanied by an expansion of volume: the new portlandite's volume is greater than the CaO one which induces further cracking resulting in further reduction of the compressive strength and a lower modulus of elasticity.

In this research, a thermo-hydro- mechanical coupled model is presented here in order to simulate the transient creep strain of the load induced thermal strain of concrete during a heating- cooling cycle with a concomitant applied load. In this paper, the transient creep strain is split into a drying creep component and a dehydration creep strain which occurs with the same kinetics as the dehydration process.

Moreover, the variations of transient creep strain of high performance concrete, high strength concrete and ordinary concrete and the variations of elastic strain and Young modulus of high performance concrete and ordinary concrete during a heating –cooling cycle are presented. Further, during the heating phase, the corresponding heating rates are applied until successive constant temperature maintained for several hours to ensure the stabilization of internal temperature and physico-chemical thermo dependent processes. Moreover, the influence of the difference in mix concretes and the influence of the heating rate are also presented.

Table des matières

Sommaire

Introduction générale 7

Chapitre 1 : Modélisation du fluage thermique transitoire du béton soumis à un cycle de chauffage refroidissement 10

    I. Introduction 10

    II. Equations de conservations 10

    II-1 Equations de conservations de masse 10

    II-2 Equation d'équilibre 11

    II-3 Equations de conservations d'énergie 11

    II-4 Equations complémentaires 12

        II-4.1   Equations d'état de l'eau liquide et du mélange gazeux 12

        II-4.2   Loi de Fourrier 13

        II-4.3   Loi de Darcy 14

        II-4.4   Loi de Fick 14

        II-4.5   Equilibre liquide vapeur et capillarité 14

    II-5 Equations constitutives du comportement mécanique 15

        II-5.1   Evolution de l'endommagement 16

        II-5.2   Déformation thermique libre 18

        II-5.3   Fluage thermique transitoire 19

    III. Identification expérimental 21

    III-1 Identification du fluage de dessiccation 23

    III-2 Identification de la déshydratation 25

        III-2.1   Détermination expérimentale de $m_{eq}(T)$ 26

        III-2.2   Détermination de la relation d'évolution de la déshydratation 27

    III-3 Identification du fluage de déshydratation 31

    IV. Simulation et validation 32

    V. Conclusion 36

Chapitre 2 : Utilisation des essais ATD/ATG pour déterminer les effets de hautes températures sur la pâte de ciment tunisien 38

    I. Introduction 38

    II. Principe de chaque méthode d'analyse 39

    II-1 L'analyse thermogravimétrique *(ATG)* 39

    II-2 L'analyse thermodifférentielle *(ATD)* 39

    II-3 Dispositif expérimental 39

    II-4 Préparation et coulage des échantillons 40

    II-5 Analyse des courbes ATG/ATD 41

    III. Effets de la vitesse de montée en température sur l'équilibre chimique de la pâte de ciment 42

    IV. Identification de la fonction de déshydratation 44

Table des matières

V. Comparaison entre les deux pâtes de ciment 47
VI. Conclusion 51
Chapitre 3 : Effets de cycle chauffage-refroidissement sur les propriétés mécaniques résiduelles du mortier tunisien 53
   I. Introduction 53
   II. Perte de masse résiduelle et propriétés mécaniques résiduelles des spécimens en mortier 53
   II-1 Programme expérimental 53
      II-1.1   Composition et dimensions des éprouvettes en mortier 53
      II-1.2   Essais de chauffage - refroidissement 54
   II-2 Tests de perte de masse 55
   II-3 Propriétés mécaniques résiduelles 57
   III. Conclusion 60
Chapitre 4 Effets d'un cycle de chauffage-refroidissement sur la déformation élastique et le module d'Young correspondant du béton à haute performance et du béton ordinaire 62
   I. Introduction 62
   II. Procédure expérimentale 64
   III. Résultats et discussion 64
   III-1 Variation de la déformation élastique au cours du cycle de chauffage-refroidissement 66
   III-2 Variation du module de Young lors du cycle chauffage-refroidissement 70
   IV. Comparaison avec des résultats de la littérature et les codes de calculs 77
   IV.1 Comparaison avec les codes de calcul 77
   IV.2 Comparaison avec les résultats de la littérature 78
   V. Conclusion 79
Chapitre 5 : Effets des cycles de chauffage-refroidissement sur la déformation thermique transitoire d'un béton ordinaire, à haute résistance et à haute performance 82
   I. Introduction 82
   II. Processus d'essai et dispositif expérimental 83
   II-1 Matériaux et dispositif expérimental 83
   II-2 Processus expérimental des essais 85
   III. Résultats et discussions 88
   III-1 Cycles de chauffage - refroidissement sous charge constante et des conditions accidentelles 88
   III-2 Cycles de chauffage - refroidissement sous conditions de service et charges constantes 91
   III-3 Déformation thermique libre sous conditions accidentelles 96
   III-4 Déformation thermique libre sous conditions de service 98
   III-5 Fluage thermique transitoire 100
      III-5.1   Sous conditions accidentelles 101
      III-5.2   Sous conditions de service 103
   III-6 Influence de la vitesse de chauffage 105

Table des matières

IV. Comparaison avec des résultats de la littérature 106
V. Conclusion 107
Conclusion générale 110
Références 113
ANNEXE A 120

Introduction générale

La connaissance du comportement du béton soumis à de hautes températures constitue un enjeu de grand intérêt pour les applications du génie nucléaire et pour l'évaluation de la sécurité dans des constructions de génie civil. En effet, la récente catastrophe nucléaire au Japon ainsi que les incendies dans les tunnels européens *(sous la Manche, Le Mont-Blanc, Great Belt Link, Tauern)*, ayant entraîné des dommages aux structures en béton ainsi que des pertes humaines et économiques très importantes, ont suscité un nouvel intérêt pour l'évaluation de la performance du béton sous les conditions accidentelles et de service.

En effet, quand le béton est soumis à l'action combinée du chargement et de hautes températures, sa déformation se décompose, conventionnellement, en deux classes de composantes additives. On distingue :
- des déformations thermo-hydriques libres incluant l'expansion thermique et le retrait du béton. Le retrait est essentiellement dû à la dessiccation du matériau et à sa déshydratation.
- des déformations thermiques sous charge qui consistent en une composante élastique dépendante de la température, une déformation de fissuration et une composante de fluage thermique transitoire. Cette dernière est généralement liée au fait que les transformations physico-chimiques, comme la déshydratation et la dessiccation, se produisent sous charge, ce qui induit un réarrangement de la microstructure du béton et donne lieu à cette déformation macroscopique.

En outre, quand le béton est soumis à de hautes températures, le chargement thermique imposé conduit à des transferts thermiques et hydriques au sein de la structure en béton. Plusieurs phénomènes sont à noter suite à ce chargement. Parmi lesquels, on cite la modification de la teneur en eau due à l'évaporation de l'eau libre (jusqu'à 105°C), la déshydratation chimique de la pâte de ciment due à la perte de l'eau liée (au-delà de 105°C), la dilatation thermique, la contraction provoquée par le changement de phase, la fissuration thermique, le changement de pression de pores etc.

Ces mécanismes représentent les causes principales de la fissuration, de l'augmentation de la perméabilité et de l'écaillage du béton soumis à de hautes températures. En effet, de nombreux phénomènes physico-chimiques développés à l'échelle microscopique se traduisent, à l'échelle macroscopique, par un endommagement progressif du matériau et un risque d'instabilité thermique important. Cet endommagement n'est pas dû uniquement à la partie chauffage mais à la partie refroidissement car celle-ci participe en grande partie à la dégradation du matériau. En outre, dans des travaux antérieurs (Sabeur et al. (2008), Sabeur (2011), Hager(2003)), les résultats expérimentaux ont montré que la déformation du fluage transitoire et la déformation thermique libre (Sabeur, 2011) continuent à se produire dans la phase de refroidissement et ne dépendent pas de la température maximale atteinte dans la phase de chauffage. D'où la nécessité de s'intéresser à l'étude du comportement du béton soumis à un cycle de chauffage-refroidissement afin de mieux comprendre les différents processus qui interviennent dans les deux phases (chauffage et refroidissement). Dans ce cadre s'inscrivent les différentes parties de ce travail de recherche.

Ainsi, dans la première partie de ce travail, un modèle thermo-hydro-mécanique couplé est présenté afin de simuler la composante du fluage thermique transitoire au cours d'un cycle de chauffage- refroidissement. Dans ce travail, le fluage thermique transitoire est décomposé en un fluage de dessiccation et une composante de fluage de déshydratation. En outre, une

Introduction générale

variable de déshydratation est introduite pour décrire les transformations chimiques en raison de l'augmentation de la température. Il permet aussi de reproduire le comportement expérimental du fluage thermique transitoire au cours d'un deuxième cycle de chauffage. En outre, dans cette approche, on considère que le fluage de déshydratation se produit avec la même cinétique que le processus de déshydratation. Ce modèle a été implémenté dans le code éléments finis CASTEM et des simulations numériques ont été effectuées afin d'évaluer la capacité du modèle à prédire le comportement thermique transitoire du béton dans le cas d'un cycle de chauffage refroidissement.

Dans la deuxième partie de ce travail, le comportement à hautes températures et résiduel de la pâte de ciment tunisien et du mortier tunisien sont étudiés. Ainsi, des analyses thermogravimétrique (ATG) et thermodifférentielle (ATD) ont été réalisées afin de déterminer les principales modifications physico-chimiques au sein de la pâte de ciment. Dans cette première partie, on présente les résultats des tests analyses réalisées sur cette pâte, les matériaux utilisés et les différents résultats expérimentaux obtenus au cours du développement des travaux.

La deuxième partie a été consacrée à l'étude du comportement résiduel (après chauffage) des éprouvettes de mortier. Les essais ATG/ATD ont mis en évidence la présence d'une cinétique. Des paliers de températures ont été alors appliqués afin de stabiliser les différents processus se produisant au sein du béton quand il est soumis à de hautes températures. Différentes durées de paliers ont été utilisés afin d'étudier leurs influences sur le comportement résiduel du béton. Ainsi, des résultats concernant l'évolution la perte de masse, du module d'élasticité résiduel et de la résistance résiduelle à la compression en fonction de la température de paliers sont présentés.

Les variations de la déformation élastique et du module d'Young du béton à haute performance (BHP) et du béton ordinaire (BO) au cours d'un cycle de chauffage refroidissement sont présentées dans la troisième partie. Pour le BHP, deux vitesses de chauffage sont appliquées: 1,5°C/min et 0,1°C/min, correspondant respectivement aux conditions accidentelles et de service. Pour le béton ordinaire, les résultats de conditions de service sont donnés. Les températures de 400°C et 220°C sont les températures finales de la phase de chauffage pour les conditions accidentelles et de service, respectivement.

Une étude comparative entre la valeur de la déformation élastique et le module de Young au début de l'essai (à température ambiante), à la fin de la partie de chauffage et la fin de la partie de refroidissement de chaque variation est réalisée. En effet, au cours de la phase de chauffage, les taux de chauffage correspondants sont appliqués jusqu'à des plateaux de températures: 150°C, 200°C, 300°C et 400°C pour le béton à haute performance sous des conditions accidentelles et 140°C, 190°C et 220°C pour les deux bétons (haute performance et ordinaire) sous des conditions de service. Les températures appliquées sont maintenues pendant plusieurs heures pour assurer la stabilisation de la température interne et les processus thermo-physico-chimiques. En outre, l'influence de la différence entre les compositions de bétons, entre les deux types de bétons et l'influence de la vitesse de chauffage sur ces variations sont également présentées.

La dernière partie de ce travail s'est intéressée aux variations du fluage thermique transitoire du béton à haute performance, à haute résistance et d'un béton ordinaire durant un cycle de chauffage-refroidissement. Deux taux de chauffage sont appliqués : 1.5°C/min et 0.1°C/min correspondant respectivement aux conditions accidentelles et de service. Les températures

Introduction générale

400°C et 220°C sont les températures finales atteintes sous conditions accidentelles et de service respectivement. Outre, durant la phase de chauffage, les taux de chauffage sont appliqués jusqu'à atteindre les plateaux de températures suivants : 150°C, 200°C, 300°C et 400°C sous conditions accidentelles et 140°C, 190°C and 220°C sous conditions de service. Ces plateaux de température sont maintenus durant des heures afin d'assurer la stabilisation de la température interne et les différents phénomènes physico-chimiques. Pour étudier l'importance de l'évolution des propriétés internes, et spécialement celles reliées à l'eau libre et à l'eau chimiquement liée, des spécimens vont subir un deuxième cycle de chauffage. En plus, l'influence des différences entre les compostions des bétons et l'influence du taux de chargement sont aussi présentés.

Chapitre 1 : Modélisation du fluage thermique transitoire du béton soumis à un cycle de chauffage refroidissement

I. Introduction

Il existe deux grandes familles pour la modélisation du comportement des bétons à hautes températures. La première famille considère seulement une seule particule fluide (Bažant & Thonguthai, 1978). Ce modèle présente une simplicité cinématique optimale grâce à l'absence des distinctions entre les trois fluides dans le pore (eau liquide, eau vapeur et air sec).

Dans la seconde, on distingue dans le milieu poreux les trois fluides. C'est dans cette famille de modèles que l'on trouve les principaux travaux récents sur le comportement du béton à hautes températures (Schrefler, 1995; Ahmed & Hurst, 1997; Lewis & Schrefler, 1998; Gawin et al., 1999; Feraille, 2000; Obeid et al., 2001; Mainguy et al, 2001; Bourgeois et al., 2002; Dal Pont & Ehrlacher, 2004; Alnajim et al., 2003, Sabeur, 2006, 2011 ; Sabeur et Meftah, 2008). La description cinématique de ces modèles de milieux poreux non saturés est un peu plus complexe puisque nous avons quatre particules en chaque point à l'échelle macroscopique. Cependant, l'écriture des lois physiques gouvernant les transports de matière est grandement simplifiée. Le présent travail se situe dans le cadre de cette deuxième famille. Dans cette approche, l'évolution de l'état hygrométrique et de la déshydratation sont les deux mécanismes moteurs de cette déformation. Ainsi, une variable de déshydratation est introduite pour décrire les transformations chimiques dues à l'élévation de température. Par ailleurs et, en ce qui concerne le comportement mécanique, une équation constitutive de comportement élasto-plastique endommageable est utilisée. Ce couplage endommagement-plasticité est assuré en utilisant le principe de la contrainte effective.

II. Equations de conservations

Dans le cadre de cette deuxième famille, le milieu poreux est vu au niveau macroscopique comme la superposition de quatre espèces continues : le squelette solide, l'eau liquide et le gaz sous forme d'air sec et de vapeur d'eau. Ainsi, le modèle final consiste en cinq équations de conservations : trois équations de conservations de masse, une équation d'équilibre et une équation de conservation d'énergie.

II-1 Equations de conservations de masse

Les équations de conservation de masse font intervenir les champs vecteurs flux de masse par unité de surface. Il s'agit de trois équations de conservation de la masse :

- équation de conservation de l'eau liquide

$$\frac{\partial m_l}{\partial t} + \operatorname{div}(m_l \mathbf{v}_l) = -\dot{m}_{vap} + \dot{m}_{dehyd} \tag{1}$$

faisant intervenir la déshydratation et l'évaporation comme termes sources.

- équation de conservation de la vapeur d'eau

$$\frac{\partial m_v}{\partial t} + \operatorname{div}(m_v \mathbf{v}_v) = \dot{m}_{vap} \tag{2}$$

faisant intervenir l'évaporation comme terme source.

Chapitre 1

➕ équation de conservation de l'air sec

$$\frac{\partial m_a}{\partial t} + \text{div}(m_a \mathbf{v}_a) = 0 \tag{3}$$

avec $\dot{m}_{vap}$ et $\dot{m}_{dehy}$ étant, respectivement, le taux d'évaporation et de déshydratation, m_π est la masse par unité de volume de squelette de chaque phase fluide $(\pi = l, v, a)$ donnée par :

$$m_l = \phi S^l \rho^l \tag{4}$$

$$m_v = \phi S^g \rho^v \tag{5}$$

$$m_a = \phi S^g \rho^a \tag{6}$$

où ρ^π est la masse volumique correspondante, ϕ la porosité, S^l est le degré de saturation de l'eau liquide et S^g est celui en gaz avec $S^g = 1 - S^l$.
En outre, dans ces équations de conservation de la masse, les vitesses macroscopiques $\mathbf{v}_\pi$ $(\pi = l, v, a)$ peuvent être décomposées en vitesses relatives afin de décrire le transport de masses, dans le réseau poreux, par les phénomènes de perméation et de diffusion dus, respectivement, à des gradients de pressions et de concentrations. Ainsi, on écrit :

$$\mathbf{v}_l = \mathbf{v}_s + \mathbf{v}_{l-s} \tag{7}$$

$$\mathbf{v}_v = \mathbf{v}_s + \mathbf{v}_{g-s} + \mathbf{v}_{v-g} \tag{8}$$

$$\mathbf{v}_a = \mathbf{v}_s + \mathbf{v}_{g-s} + \mathbf{v}_{a-g} \tag{9}$$

où $\mathbf{v}_s$ est la vitesse de la phase solide, $\mathbf{v}_{\pi-s}$ est la vitesse relative de l'eau liquide $(\pi = l)$ et du mélange gazeux $(\pi = g)$ par rapport à la phase solide et $\mathbf{v}_{\pi-g}$ est la vitesse relative de la vapeur $(\pi = v)$ et de l'air sec $(\pi = a)$ par rapport à la phase gazeuse.

II-2 Equation d'équilibre

En négligeant les forces de la pesanteur, l'équation d'équilibre est donnée par :

$$\text{div } \sigma = 0 \tag{10}$$

avec σ étant le tenseur des contraintes de l'ensemble du milieu poreux.

II-3 Equations de conservations d'énergie

Une écriture de l'équation de conservation d'énergie, pour les trois phases $(\pi = l, g, s)$ du milieu, donne les trois expressions suivantes :

$$m^s C_p^s \frac{dT}{dt} = -h^s \dot{m}_{dehy} - \text{div}(\phi^s \mathbf{q}) \tag{11}$$

Chapitre 1

$$m^g C_p^g \frac{dT}{dt} = -h^v \dot{m}_{vap} - div(\phi^g \mathbf{q}) \quad (12)$$

$$m^l C_p^l \frac{dT}{dt} = h^l (\dot{m}_{vap} + \dot{m}_{dehy}) - div(\phi^l \mathbf{q}) \quad (13)$$

En faisant la somme des trois équations l'équation de conservation d'énergie s'écrit alors :

$$(\rho C_p)_{eff} \frac{\partial T}{\partial t} + (m_l C_p^l \mathbf{v}^l + m_g C_p^g \mathbf{v}^g) \cdot \mathbf{grad} T + div(\mathbf{q}) = -\dot{m}_{vap} \Delta H_{vap} - \dot{m}_{dehy} \Delta H_{dehyd} \quad (14)$$

Avec

$$(\rho C_p)_{eff} = (1-\phi) \rho^s C_p^s + \phi (S^l \rho^l C_p^l + (1-S^l)(\rho^a C_p^a + \rho^v C_p^v)) \quad (15)$$

$$\Delta H_{vap} = h^v - h^l \quad (16)$$

$$\Delta H_{dehy} = h^l - h^s \quad (17)$$

Ainsi, les différentes hypothèses de base des deux approches ainsi que les différents développements ont été présentés.

II-4 Equations complémentaires

Les équations de conservations précédentes sont complétées par des équations supplémentaires permettant de compléter le problème posé de sorte que le nombre d'inconnus soit égal au nombre d'équations. Ces équations permettent notamment de relier, pour les fluides, les pressions aux masses volumiques (équations d'état), les flux aux pressions, concentrations ou températures (loi constitutive). En outre, il est nécessaire d'établir une relation traduisant l'équilibre thermodynamique entre la vapeur et l'eau liquide. Enfin une relation entre la saturation et la capillarité est nécessaire.

II-4.1 Equations d'état de l'eau liquide et du mélange gazeux

L'eau liquide est considérée incompressible. Ainsi sa masse volumique ρ^l dépend uniquement de la température comme le montre la formule suivante :

$$\rho^l = 314,4 + 685,6 \left[1 - \left(\frac{T - 273,15}{374,14} \right)^{\frac{1}{0,55}} \right]^{0,55} \quad (18)$$

La vapeur, l'air sec et le mélange gazeux sont considérés comme des gaz parfaits, ce qui donne :

$$p^v = \frac{\rho^v RT}{M_l} \quad (19)$$

$$p^a = \frac{\rho^a RT}{M_a} \quad (20)$$

$$p^g = \frac{\rho^g RT}{M_g} \quad (21)$$

avec, respectivement, p^π, ρ^π et M_π étant la pression, la masse volumique et la masse molaire de la phase considéré $(\pi = v, a, g)$. En outre, la pression et la masse volumique du mélange gazeux sont données en fonction des pressions et des densités partielles des constituants par :

$$p^g = p^v + p^a \quad (22)$$

$$\rho^g = \rho^v + \rho^a \quad (23)$$

ce qui donne :

$$\frac{1}{M_g} = \frac{c^v}{M_l} + \frac{c^a}{M_a} \quad (24)$$

où

$$c_i = \frac{\rho^i}{\rho^g} \quad (25)$$

est la concentration des constituants $(i = v, a)$ dans le mélange avec $c_v = 1 - c_a$

II-4.2 Loi de Fourrier

Dans l'équation d'énergie, le processus de conduction est décrit par la loi de Fourrier permettant de relier la température T au flux de chaleur $\mathbf{q}$ selon l'équation :

$$\mathbf{q} = -\lambda_{\mathit{eff}} \, \mathbf{grad}(T) \quad (26)$$

où λ_{eff} est la conductivité thermique effective qui est fonction de la température et du degré de saturation de l'eau liquide. La conductivité thermique effective est donnée en fonction du degré de saturation S^l, de la porosité ϕ et des masses volumiques de l'eau liquide ρ^l et du squelette solide ρ^s par l'équation suivante (Gawin et al., 1999):

$$\lambda = \lambda_d \left(1 + 4 \frac{S^l \phi \rho^l}{(1-\phi)\rho^s} \right) \quad (27)$$

où λ_d est la conductivité thermique du matériau à l'état sec donnée par (Gawin et al.,1999) :

$$\lambda_d = \lambda_{d0} \left[1 - A_\lambda (T - T_0) \right] \quad (28)$$

où λ_{d0} est la conductivité thermique du matériau à l'état sec et à la température de référence.

II-4.3 Loi de Darcy

Pour un milieu poreux multiphasique, la loi de Darcy donne respectivement le flux massique de l'eau liquide $\boldsymbol{J}_l^P$ et de la phase gazeuse $\boldsymbol{J}_g^P$:

$$\boldsymbol{J}_l^P = S^l \phi \mathbf{v}_{l-s} = -\frac{K k_{rl}}{\mu_l} \boldsymbol{grad}\ p^l \qquad (29)$$

$$\boldsymbol{J}_g^P = S^g \phi \mathbf{v}_{g-s} = -\frac{K k_{rg}}{\mu_g} \boldsymbol{grad}\ p^g \qquad (30)$$

où μ_l et μ_g sont respectivement la viscosité de l'eau liquide et celle de la phase gazeuse et k_{rl} et k_{rg} sont les perméabilités relatives au liquide et au gaz respectivement. Les expressions de ces différentes perméabilités ainsi que celles des viscosités des phases fluides du milieu poreux sont données en **Annexe A**.

II-4.4 Loi de Fick

Le flux relatif de l'air $\boldsymbol{J}_a^D$ et de vapeur $\boldsymbol{J}_v^D$ dans le mélange par unité de surface du matériau et par unité de temps sont donnés par la loi de Fick :

$$\boldsymbol{J}_a^D = m_a \mathbf{v}_{a-g} = -\frac{\rho^a}{c^a} D_{a-g} \boldsymbol{grad}\left(c^a\right) = -\rho^g D_{eff} \frac{M_l M_a}{\left(M_g\right)^2} \boldsymbol{grad}\left(\frac{p^a}{p^g}\right) \qquad (31)$$

$$\boldsymbol{J}_v^D = m_v \mathbf{v}_{v-g} = -\frac{\rho^v}{c^v} D_{v-g} \boldsymbol{grad}\left(c^v\right) = -\rho^g D_{eff} \frac{M_l M_a}{\left(M_g\right)^2} \boldsymbol{grad}\left(\frac{p^v}{p^g}\right) \qquad (32)$$

avec $D_{\pi-g}$ est la diffusivité de la phase π $(\pi = a, v)$ dans un mélange air-vapeur et dans ce cas on a : $D_{a-g} = D_{v-g} = D_{eff}$ où D_{eff} est le coefficient de diffusivité dont l'expression est donné par la loi suivante, fonction de la température, de la saturation et de la pression de gaz [Perre, 1987, Schneider & Herbst, 1989) :

$$D_{eff}\left(T, S^l, p^g\right) = \phi\left(1-S^l\right)^{B_v} \tau D_{v0} \left(\frac{T}{T_0}\right)^{A_v} \frac{p_0^g}{p^g} \qquad (33)$$

II-4.5 Equilibre liquide vapeur et capillarité

L'ensemble des équations précédentes de transport de chaleur et de masse est complété par :
- Une relation qui exprime l'équilibre thermodynamique entre l'eau liquide et la vapeur :

$$p^l = p^{vs}(T) + p^a + \frac{\rho^l(T) RT}{M^l} \ln(h_r) \qquad (34)$$

où $h_r = \dfrac{p^v}{p^{vs}(T)}$ est l'humidité relative et $p^{vs}(T)$ est la pression de la vapeur saturante donnée par la relation (Ju & Zhang, 1998):

$$p^{vs}(T) = p^{vs}(647.15)\left[L_0 + L_1 \frac{T}{647.15} + L_2 \left(\frac{T}{647.15}\right)^2\right] \qquad (35)$$

Chapitre 1

avec $L_0 = 15.8568$, $L_1 = -34.1706$ and $L_2 = 15.7437$

Une isotherme de sorption-désorption qui permet de relier le degré de saturation en eau liquide S^l à la pression capillaire p^c donné par :

$$S^l(p^c) = \left[1 + \left(\frac{|p^c|}{B}\right)^{1/(1-A)}\right]^{-A} \quad (36)$$

avec $p^c = p^g - p^l$ et A et B sont des paramètres matériels déterminés expérimentalement.

II-5 Equations constitutives du comportement mécanique

La modélisation des déformations du béton à hautes températures est basée sur un comportement thermo-élasto-plastique endommageable. La fonction de charge est définie dans l'espace des contraintes effectives. Le tenseur des contraintes effectives $\tilde{\sigma}$, qui s'appliquent à la partie non fissurée du matériau est lié au tenseur des contraintes apparentes σ par la relation :

$$\tilde{\sigma} = \frac{\sigma}{1-D} \quad (37)$$

où D est la variable scalaire donnant l'endommagement total du matériau. Ce dernier peut être défini à partir de la combinaison de deux endommagements. Un endommagement thermique D_T dû aux changements physico-chimiques du squelette solide (déshydratation) ainsi qu'aux incompatibilités pâte granulats. Un endommagement mécanique D_M dû à l'ensemble des contraintes extérieures appliquées et à l'augmentation des pressions de pores qui donnent lieu à l'amorce des microfissures et leurs propagations. Ainsi l'équation (37) se réécrit :

$$\sigma = (1-D_T)(1-D_M)\tilde{\sigma} \quad (38)$$

Le tenseur de déformation totale ε est décomposé en une composante thermo-hydrique ε_{th} et une composante thermo-mécanique ε_{tm} (Schneider, 1988) tel que :

$$\varepsilon = \varepsilon_{th} + \varepsilon_{tm} \quad (39)$$

avec

$$\varepsilon_{th} = \varepsilon_t + \varepsilon_r \quad (40)$$

où ε_t est la déformation de dilatation thermique du béton et ε_r est la déformation du retrait de dessiccation. La déformation ε_{th} correspond à la déformation identifiée lors d'un essai de déformation thermique libre. Dans le cadre de ce travail, cette déformation sera considérée globalement sans séparer ses composantes.

En ce qui concerne la composante thermo-mécanique ε_{tm}, elle est donnée par l'expression suivante :

$$\varepsilon_{tm} = \varepsilon_e + \varepsilon_p + \varepsilon_{tc} \quad (41)$$

Chapitre 1

où ε_e est le tenseur des déformations élastiques, ε_p est le tenseur des déformations plastiques permettant de décrire la fissuration du matériau et ε_{tc} est le tenseur de la déformation du fluage thermique transitoire.
En outre, la relation contrainte déformation décrivant ce comportement du béton s'écrit en termes de contraintes effectives $\tilde{\sigma}$ selon l'équation :

$$\tilde{\sigma} = E : \varepsilon_e \quad (42)$$

avec E est le tenseur de rigidité de Hooke et ε_e est la déformation élastique.
Ainsi, l'équation (38) se réécrit en tenant compte des équations précédentes sous la forme suivante :

$$\sigma = (1-D_T)(1-D_M) E : (\varepsilon - \varepsilon_p - \varepsilon_{th} - \varepsilon_{tc}) \quad (43)$$

II-5.1 Evolution de l'endommagement

L'endommagement thermique peut être défini à partir de la relation liant la variation du module d'Young à la température $E(T)$, déterminée expérimentalement. Cet endommagement est alors donné par (Ulm, 1999; Nechnech, 2000; Alnajim, 2004 ; Sabeur, 2006) :

$$D_T = 1 - \frac{E(T)}{E_0} \quad (44)$$

L'endommagement mécanique D_M est décomposé en une variable d'endommagement de compression D_{Mc} et une variable d'endommagement de traction D_{Mt} tel que:

$$D_M = 1 - (1-D_{Mt})(1-D_{Mc}) \quad (45)$$

Il est choisi d'exprimer la variable d'endommagement en compression et en traction directement en fonction du paramètre d'écrouissage plastique en compression et en traction, respectivement. En effet, de nombreuses évidences expérimentales indiquent que l'endommagement peut être relié aux déformations plastiques (Ju, 1989) : les déformations plastiques contribuent à l'initiation et à la croissance de la micro-fissuration. Ce choix a été déjà effectué par plusieurs auteurs (Lee et Fenves, 1998; Nechnech, 2000; Alnajim, 2004 ; Sabeur, 2006).
En outre, dans leurs travaux, Lee et Fenves (1998) ont noté la forme exponentielle de la variation de la variable d'endommagement en fonction de la déformation plastique. Ainsi la fonction d'évolution de la variable d'endommagement est choisie de type fonction exponentielle de la variable d'écrouissage κ_x et s'écrit :

$$1 - D_{Mx} = \exp(-c_x \kappa_x) \quad (46)$$

où c_x est un paramètre matériel déterminé à partir d'essais pour le comportement en compression $(x=c)$ et en traction $(x=t)$ (Nechnech, 2000; Alnajim, 2004; Sabeur, 2006).
La variable d'écrouissage κ_x où $(x=t,c)$ est définie en adoptant l'hypothèse de la déformation plastique cumulée. Cette hypothèse conduit à exprimer le taux de la variable d'écrouissage respectivement en traction et en compression selon les deux relations :

$$\dot{\kappa}_t = \sqrt{\dot{\varepsilon}_t^p : \dot{\varepsilon}_t^p} \quad (47)$$

Chapitre 1

$$\dot{\kappa}_c = \sqrt{\frac{2}{3}(\dot{\varepsilon}^p)^T : \dot{\varepsilon}^p} \tag{48}$$

Afin de prendre en compte la différence de comportement du béton en compression et en traction, il est choisi d'utiliser un critère multi-surface. On considère deux surfaces de charge distinctes suivant la nature de la sollicitation. Ainsi, le critère de Drucker-Prager en compression est adopté :

$$F_c(\tilde{\sigma}, \kappa_c, T) = \frac{1}{\beta(T)} \cdot \left[\sqrt{3 \cdot J_2(\tilde{\sigma})} + \alpha_f(T) \cdot I_1(\tilde{\sigma})\right] - \tilde{\tau}_c(\kappa_c, T) = 0 \tag{49}$$

et le critère de Rankine en traction :

$$F_t(\tilde{\sigma}_I, \kappa_t, T) = \tilde{\sigma}_I - \tilde{\tau}_t(\kappa_t, T) = 0 \tag{50}$$

où $\tilde{\sigma}_I$ est la contrainte principale majeure, $I_1(\tilde{\sigma})$ est le premier invariant du tenseur des contraintes effectives, $J_2(\tilde{\sigma})$ est le deuxième invariant du tenseur des contraintes effectives et $\tilde{\tau}_x(\kappa_x, T)$ ($x = t, c$) est la contrainte résistante effective définie par :

$$\tilde{\tau}_x(\kappa_x, T) = \frac{\tau_x(\kappa_x, T)}{(1 - D_T)(1 - D_{Mx})} \tag{51}$$

où $\tau_x(\kappa_x, T)$ est la contrainte résistante nominale dont l'expression en compression $(x = c)$ et en traction $(x = t)$ est donnée par (Figure 1) :

$$\tau_x(\kappa_x, T) = \frac{f_x(T)}{\chi_x}\left[(1 + a_x) \exp(-b_x(T) \kappa_x) - a_x \exp(-2b_x(T) \kappa_x)\right] \tag{52}$$

où $f_x(T)$ est la limite élastique en traction $(x = t)$ et en compression $(x = c)$ fonction de la température, $(\chi_t = 1, \chi_c = 3)$ et $(a_x, b_x(T))$ sont deux paramètres identifiés expérimentalement (Nechnech, 2000; Alnajim, 2004; Sabeur, 2006).

Une représentation dans le plan des contraintes principales est donnée par la Figure 2.

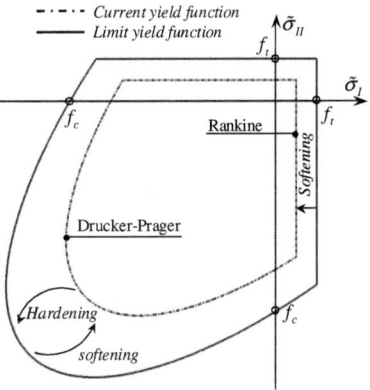

Figure 1. Critère de Rankine en traction et Critère de Drucker-Prager en compression dans le repère des contraintes principales et dans le cas de contraintes planes

Chapitre 1

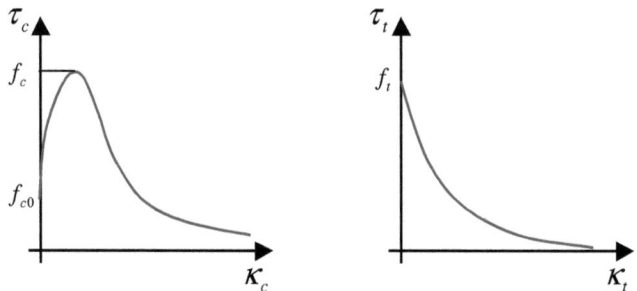

Figure 2. Évolution des contraintes nominales en fonction la variable d'écrouissage en compression (à gauche) en traction (à droite)

La loi d'évolution de la déformation plastique est donnée conformément à la proposition de Koiter (1953), en tenant en compte de la non associativité de la loi d'écoulement plastique en compression, par :

$$\dot{\varepsilon}_p = \dot{\lambda}_t \frac{\partial F_t}{\partial \tilde{\sigma}} + \dot{\lambda}_c \frac{\partial G_c}{\partial \tilde{\sigma}} \tag{53}$$

où $\dot{\lambda}_t$ et $\dot{\lambda}_c$ représentent, respectivement, les taux de multiplicateurs plastiques en traction et en compression associés à la fonction de charge F_t en traction et au potentiel plastique G_c en compression dont l'expression est donnée par :

$$G_c = \frac{1}{\beta(T)} \left[\sqrt{3 J_2(\tilde{\sigma})} + \alpha_g(T) I_1(\tilde{\sigma}) \right] - \tilde{\tau}_c(\kappa_c, T) \tag{54}$$

où α_g est un paramètre contrôlant la dilatance.
Les équations (53) et (54) permettent d'exprimer les taux d'écrouissages définis par (47) et (48) en fonction des multiplicateurs plastiques $\dot{\lambda}_t$ et $\dot{\lambda}_c$ en traction et en compression selon les deux équations respectives:

$$\dot{\kappa}_t = \dot{\lambda}_t \tag{55}$$

$$\dot{\kappa}_c = \left(1 + 2\alpha_g^2(T)\right)^{1/2} \dot{\lambda}_c \tag{56}$$

II-5.2   Déformation thermique libre

La dilatation des granulats prédomine généralement la contraction de la pâte de ciment, le résultat étant la dilatation du béton. La relation entre la variation de température et le tenseur sphérique de la déformation thermique libre du béton s'écrit classiquement sous la forme incrémentale suivante :

$$\dot{\varepsilon}_{th} = \alpha_{th} \dot{T} \, \delta \tag{57}$$

où α_{th} est le coefficient de dilatation du béton identifié à partir d'un essai de dilatation thermique libre et δ est le tenseur unité de second ordre.

Chapitre 1

II-5.3 Fluage thermique transitoire

Une analyse bibliographique de la littérature des observations expérimentales d'essais décrivant l'évolution de la déformation du fluage thermique transitoire en fonction de la température permet d'aboutir aux trois conclusions suivantes :
- La déformation thermique transitoire est une déformation irréversible induisant une importante valeur résiduelle de la déformation totale à la fin d'un cycle de chauffage et refroidissement.
- Cette déformation ne se réamorce lors d'un nouveau cycle de chauffage que dans le cas où la température dépasse la température maximale atteinte au cours du premier cycle.
- C'est une déformation qui a besoin de temps pour se stabiliser et donc, c'est une déformation qui a une cinétique. Dans la phase de refroidissement, elle reste constante, entraînant un endommagement du matériau car les contraintes ne sont plus relaxées par son effet.

Ainsi, le modèle qu'on doit adopter doit tenir compte de ces différentes observations. L'idée est alors de relier la déformation thermique transitoire aux différents processus qui se produisent au sein de la pâte de ciment. On considère ainsi que le fluage thermique transitoire prend origine dans la pâte de ciment et ceci pour des températures dans l'intervalle [20°C, 600°C].

Dans cette gamme de température, les deux processus les plus importants qui se produisent au sein de la pâte de ciment et qui concernent le fluage transitoire sont la dessiccation et la déshydratation. En effet, la déshydratation est un processus qui lui aussi a besoin de temps pour se stabiliser et donc c'est un processus à cinétique. En outre, la déshydratation est une réaction physico-chimique qui se produit au cours d'un premier chauffage et elle est complètement absente au cours d'un deuxième chauffage tant que la température ne dépasse pas la température maximale atteinte au cours du premier cycle. Ce sont ces deux propriétés communes à la déshydratation et à la déformation de fluage thermique transitoire qui sont à l'origine de leur corrélation dans le cadre de ce travail.

Les travaux de Feraille (2000) et Pasquero (2004) ont permis de mettre en évidence le fait que la déshydratation n'est pas un phénomène instantanée et que sa cinétique est à prendre en considération. Ainsi, dans ce travail, nous considérons que le processus de déshydratation se produit avec une cinétique intrinsèque, identifiable expérimentalement à l'échelle de la pâte de ciment.
Ainsi le taux de déshydratation est donné par :

$$\dot{m}_{dehy} = -\frac{\langle m_{dehy} - m_{eq}(T) \rangle}{\tau_{dehy}} \qquad (58)$$

avec $\langle \cdot \rangle$ est le symbole de MacCauley, m_{eq} est la masse de déshydratation à l'équilibre obtenue pour une vitesse de montée en température suffisamment lente, τ_{dehy} est le temps caractéristique de la perte de masse dont la valeur sera supposée constante pour des températures comprises entre 105°C et 400°C qui est la température maximale considérée dans le présent travail.

Chapitre 1

On considère alors qu'à hautes températures, ces transformations physico-chimiques qui se produisent au sein du matériau béton, sous contrainte, induisent un réarrangement de la microstructure donnant naissance à cette composante additionnelle qui est le fluage thermique transitoire. Ainsi, dans ce travail, le fluage transitoire est considéré comme étant un fluage de dessiccation (Bažant et Chern, 1985; Benboudjema et al, 2005) étendu au cas de hautes températures et un mécanisme de fluage dû à la déshydratation quand la température dépasse la température de 105°C. Il convient d'appeler cette dernière composante: **fluage de déshydratation**. Il est à signaler que le choix de la température de 105°C est un choix conventionnel, car c'est la température permettant le départ de toute l'eau évaporable. Au-delà de cette valeur, c'est l'eau chimiquement liée qui est affectée.

Le fluage de dessiccation est essentiellement relié à la diffusion de l'humidité dans le réseau poreux. Sous contrainte, ce flux local de molécules d'eau, entre les zones d'adsorption empêchée et celles des pores capillaires accélérerait le processus de glissement entre les feuillets de C-S-H conduisant à l'apparition de cette déformation. La théorie du *retrait induit par la contrainte* (Bažant et Chern, 1985; Benboudjema et al, 2005) est adoptée ici. Dans cette théorie, le taux de fluage de dessiccation est relié au changement relatif de l'humidité h_r dans le réseau poreux.

Le fluage de déshydratation, quand à lui, est dû au départ de l'eau chimiquement liée. Un modèle constitutif est ainsi proposé ici. Dans ce modèle, la variable de déshydratation m_{dehy} est considérée comme le moteur du fluage de déshydratation pour des taux de contraintes qui ne dépassent pas les 40 % de la résistance à la compression à température ambiante et des températures ne dépassant pas les 600°C.

Ainsi, le taux de la déformation de fluage thermique transitoire $\dot{\varepsilon}_{tc}$ dans le cas unidimensionnel s'écrit comme :

$$\dot{\varepsilon}_{tc} = \left(\frac{\alpha_{dc}}{f_c} |\dot{h}_r| + \frac{\alpha_{hc}(m_{dehy})}{f_c} \mathcal{H}(T-\hat{T}) \dot{m}_{dehy} \right) \sigma \qquad (59)$$

avec $\mathcal{H}$ est la fonction de Heaviside, $|\dot{h}_r|$ est la valeur absolue de la variation de l'humidité relative, f_c est la résistance à la compression introduite pour la normalisation, $\dot{m}_{dehy}$ est le taux de déshydratation, σ est la contrainte apparente appliquée et α_{dc} et α_{hc} sont respectivement les paramètres de fluage de dessiccation et de déshydratation qui seront identifiés dans la partie expérimentale.

Une généralisation de cette relation à un état de contrainte multiaxial est donnée par l'équation suivante :

$$\dot{\varepsilon}_{tc} = \left(\frac{\alpha_{dc}}{f_c} |\dot{h}_r| + \frac{\alpha_{hc}(m_{dehy})}{f_c} \mathcal{H}(T-\hat{T}) \dot{m}_{dehy} \right) Q : \sigma \qquad (60)$$

avec Q le tenseur d'ordre 4 donné dans le cas isotrope par :

$$Q = (1+\gamma)\delta \overline{\otimes} \delta - \gamma \delta \otimes \delta \qquad (61)$$

Chapitre 1

où γ est le coefficient de Poisson du fluage thermique transitoire permettant de construire cette généralisation.

Notons que l'utilisation de la valeur absolue de la variation de l'humidité relative pour le fluage de dessiccation traduit l'irréversibilité de cette déformation lors d'une réhumidification. En outre, l'équation (60) montre bien que la composante de déshydratation du fluage thermique transitoire est contrôlée par la cinétique du processus de déshydratation.

En plus, le fluage de déshydratation se produit seulement si $\dot{m}_{dehy} > 0$, c'est-à-dire, si la température dépasse la température correspondante à la déshydratation maximale déjà atteinte pendant deux cycles successifs de chauffage.

Ainsi, l'expression de la déformation thermique transitoire telle qu'elle est donnée par l'équation (60) permet de retrouver les différentes caractéristiques expérimentales de cette déformation. En effet, cette équation permet d'assurer l'irréversibilité, la présence d'une cinétique (égale à celle de la déshydratation) et l'absence de cette déformation au cours d'un deuxième cycle de chauffage –refroidissement.

L'identification des paramètres α_{dc} et α_{hc} ainsi que l'existence de la cinétique de déshydratation et sa comparaison par rapport à celle du fluage de déshydratation seront donnés dans le paragraphe suivant.

III. Identification expérimental

Pour atteindre cet objectif, des éprouvettes cylindriques Ø16 × 64 de BHP 100 FS (Tableau 1) vont être soumises à des cycles de chauffage-refroidissement.le chauffage sera appliqué à une vitesse de 1.5°C/min avec 4 paliers de températures ($150°C, 200°C, 300°C$ et $400°C$) maintenues pendant 24 h afin d'assurer la stabilisation des différentes réactions physico-chimiques se produisant au sein du béton. Une charge constante égale à 20% de la résistance à la compression sera appliquée. A la fin de ces paliers la déformation totale $\varepsilon(T)$ est mesurée.

La variation de la déformation élastique est obtenue par un cycle de charge-décharge de 2 min de durée à la fin de chaque palier de température.

Dosage (kg/m^3)	1000
Sable de Seine 0/4	432
Sable du Boulonnais 0/5	439
Gravillon du Boulonnais 5/12,5	488
Gravillon du Boulonnais 12,5/20	561
Ciment CEM I 52,5	377
Fumée de silice	37.8
Superplastifiant Résine GT	12.5
Retardateur Chrysotard	2.6
Eau	124

Tableau 1. Composition du béton BHP 100 FS

Afin de calculer la déformation thermique transitoire il est indispensable de déterminer la déformation thermique libre. Ainsi des essais similaires (même plateaux et même vitesse de chauffage) sans contrainte ont été réalisés afin de calculer cette déformation $\varepsilon_{th}(T)$

Chapitre 1

Une fois que nous considérons que le dernier palier est terminé, on éteint le chauffage tout en continuant l'enregistrement des données, ce qui permet aussi de suivre le comportement du matériau lors de la descente de température.

Dans l'essai de déformation thermique sous charge, on procède aussi à une décharge-charge instantanée à la fin des paliers. Cette procédure, ajoutée à la première charge et à la dernière décharge lors de la fin du refroidissement, permet d'avoir une estimation des valeurs de la déformation élastique à ces moments du processus.

Trois spécimens pour chaque (essai déformation totale et déformation thermique libre) ont subi le cycle de chauffage-refroidissement afin d'obtenir une moyenne de la déformation totale, élastique et de la déformation thermique libre.

Ainsi et d'après les recommandations de la RILEM (1998) qui considèrent le modèle additif des déformations pour l'étude de la déformation du fluage thermique transitoire, on peut écrire que la déformation totale à chaque instant est la somme de toutes les déformations de l'éprouvette : la déformation élastique ε_e, la déformation thermique libre ε_{th} et le fluage thermique transitoire ε_{tc}.

$$\varepsilon = \varepsilon_e + \varepsilon_{th} + \varepsilon_{tc} \qquad (62)$$

Nous obtenons donc l'expression suivante de la déformation du fluage thermique transitoire:

$$\varepsilon_{tc} = \varepsilon - \varepsilon_e - \varepsilon_{th} \qquad (63)$$

La partie de déformation correspondante au retrait de dessiccation est considérée négligeable ou couplée avec la déformation thermique libre (RILEM, 1997; Schneider, 1988; Khoury, 1985; Thienel. et Rostasy, 1996). Sur la Figure 3, on représente l'évolution du fluage thermique transitoire en fonction de la température. De cette figure, il est clair que le fluage thermique transitoire augmente avec la température et cette augmentation est plus importante particulièrement après 200°C.

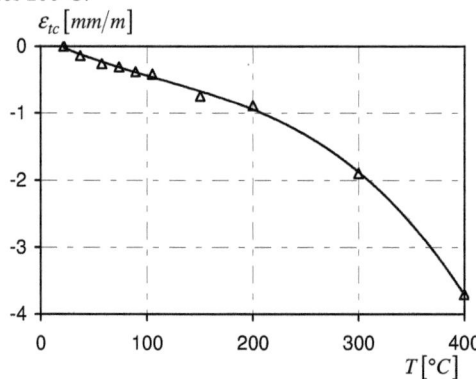

Figure 3. Fluage thermique transitoire pour $\sigma/f_c = 0.2$ **en fonction de la température**

La déformation de fluage thermique transitoire étant calculée, la prochaine étape consiste à identifier les deux paramètres de séchage et de déshydratation selon l'équation (60). Pour ce dernier, on a besoin d'identifier la fonction de déshydratation.

III-1 Identification du fluage de dessiccation

Concernant la composante du fluage de dessiccation, une relation linéaire est considérée nécessitant l'identification du paramètre α_{dc}. Ainsi, une simulation numérique (Sabeur & Meftah, 2005, 2008) est réalisée afin de déterminer les profils de l'humidité relative au sein du spécimen et les températures correspondantes.

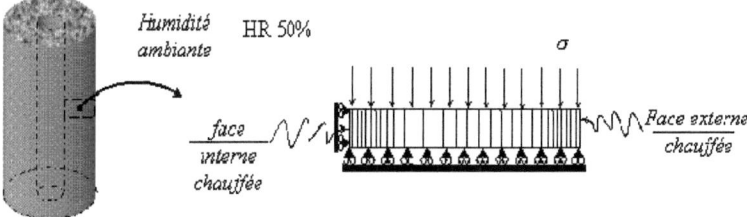

Figure 4. Maillage et conditions aux limites

La Figure 4 présente le maillage utilisé exploitant la symétrie axiale du problème. Une humidité relative égale à 50% est imposée aux limites avec des conditions de type convectives. En outre, une distribution homogène initiale de h_r au sein du spécimen a été considérée en raison de la protection du spécimen contre le séchage avant l'essai. Une valeur initiale égale à 83% a été considérée.

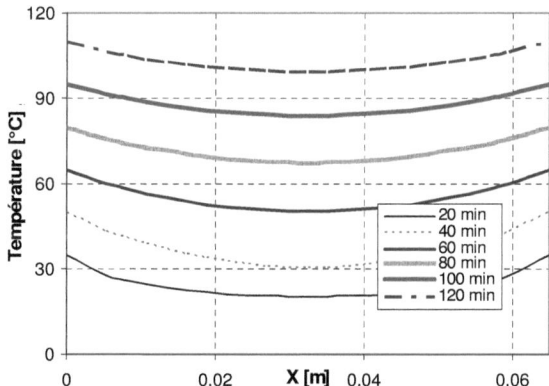

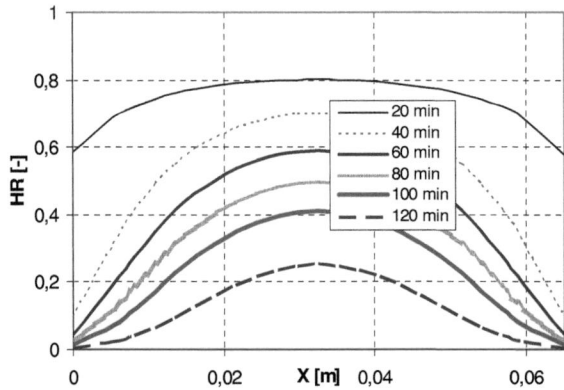

Figure 5. Distributions de la température (haut) et l'humidité relative correspondante (bas) au sein du spécimen pendant la phase de séchage

La Figure 5 présente la distribution, au sein du spécimen, de la température et de l'humidité relative à différents instants. La première montre un profil relativement régulier par contre la dernière montre un front de séchage qui se propage des extrémités vers l'intérieur du spécimen. Bien que l'humidité relative extérieure soit égale à 50%, les valeurs obtenues aux limites diminuent jusqu'à atteindre la valeur nulle. Ceci est dû à l'augmentation de la vapeur de pression saturante avec la température.

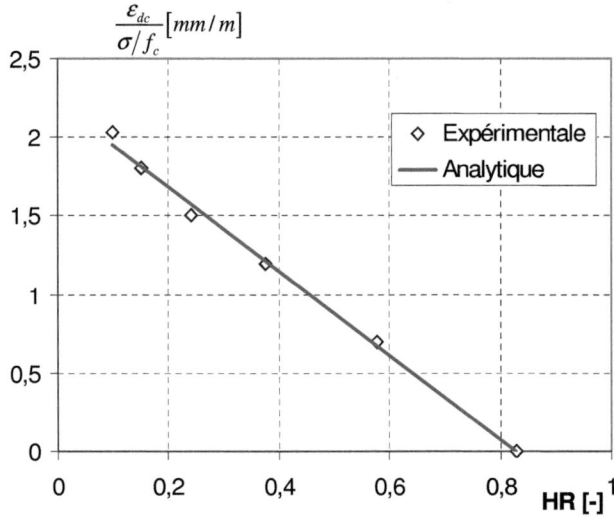

Figure 6. Fluage thermique transitoire en fonction de la valeur moyenne de l'humidité relative

Chapitre 1

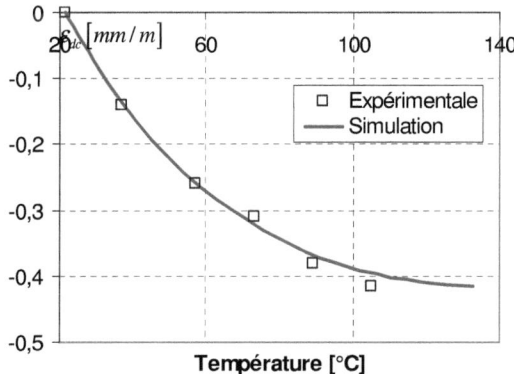

Figure 7. Fluage de dessiccation expérimental et simulé fonction de la température

A chaque moment de l'essai, la moyenne spatiale de la température et de l'humidité relative sont calculées. Ainsi, les valeurs normalisées de la composante de dessiccation $\dfrac{\varepsilon_{dc}}{\sigma/f_c}$ du fluage thermique transitoire obtenues à partir de la Figure 3, sont reportées sur la Figure 6 en fonction de la valeur moyenne calculée de h_r. Cette figure montre clairement la validité de la relation linéaire adoptée et permet d'identifier le paramètre du fluage de dessiccation

$$\alpha_{dc} = 2.7 \cdot 10^{-3} MPa^{-1}$$

Cette valeur est ensuite utilisée afin de simuler le fluage de dessiccation selon l'équation (60).

Sa valeur moyenne et la température de référence correspondante sont présentées sur la Figure 7 et comparée à celle mesurée expérimentalement dans nos essais de fluage thermique transitoire. On peut observer que, pour ce type de conditions, le fluage de dessiccation a atteint approximativement sa valeur asymptotique quand la température a atteint 110°C. Ceci signifie que, dans ce cas-ci et pour des températures supérieures à cette valeur de température, la partie restante de la déformation de fluage thermique transitoire mesurée est essentiellement due au processus de déshydratation qui commence à 105°C. Cependant, dans un cas plus général, le séchage peut continuer pour des températures plus importantes dépendant des conditions aux limites et des propriétés de transport du matériau. Ainsi le fluage de déshydratation peut être obtenu par une soustraction de la composante du fluage de dessiccation de la déformation du fluage thermique transitoire quand la température dépasse 105°C.

III-2 Identification de la déshydratation

Cette identification de la déshydratation sera faite en deux étapes. La première va s'intéresser à la détermination d'une relation qui va permettre de calculer l'évolution de la perte de masse en fonction de la température à partir de l'équilibre chimique et donc de proposer une expression analytique de la perte de masse à l'équilibre. La deuxième présentera un essai de perte de masse avec des paliers de températures pendant lesquels la température est maintenue constante. Au cours de ces paliers, la perte de masse se produit pendant des heures indiquant clairement qu'il y a une nette différence entre la valeur de masse mesurée au cours de ces essais et celle à l'équilibre.

III-2.1 Détermination expérimentale de m_{eq} (T)

Comme il a été signalé dans le paragraphe précédent, un essai de perte de masse avec une vitesse suffisamment lente de montée en température permet, d'une part d'éliminer dans une première phase l'eau libre par vaporisation (conventionnellement $T \leq 105°C$), d'autre part de déterminer la masse d'eau $m_{eq}(T)$ créée par déshydratation à l'équilibre (puisque la vitesse de montée en température est lente) à une température T. Cette masse est celle perdue par l'éprouvette au-delà de 105°C rapportée au volume initial de l'éprouvette. Nous avons procédé alors à l'essai de perte de masse, pour une température croissante jusqu'à 500°C avec une vitesse de 0.2°C/min.

A partir des courbes de perte de masse avec une élévation lente en température, exprimées en pourcentage de masse perdue rapportée à la masse initiale de l'éprouvette (%m), nous pouvons déterminer $m_{eq}(T)$ à l'aide de l'équation suivante:

$$m_{eq}(T) = \frac{\rho_{ini}}{100} \langle \%m(105°C) - \%m(T) \rangle \left[g/cm^3 \right] \tag{64}$$

où $\%m(105°C)$ est le pourcentage de masse perdue à 105°C rapportée à la masse initiale de l'éprouvette et $\rho_{ini}\left[g/cm^3\right]$ est la valeur de la masse volumique initiale de notre pâte de ciment.

Sur la Figure 8, on représente la courbe moyenne pour $m_{eq}(T)$, issue de l'essai mené jusqu'à 1150°C à 0.2°C/min. Afin d'avoir une bonne corrélation avec la courbe expérimentale on propose l'expression analytique suivante

$$\begin{aligned}m_{eq}(T) = &\exp(-6,9678.(T-105)^{-0.2319})H(T-105) + \exp(-9,4576.(T-232)^{-0.2232})H(T-232) \\ &+ \exp(-6,479.(T-392)^{-0.2484})H(T-392) + \exp(-8,7276.(T-412)^{-0.2371})H(T-412)\end{aligned} \tag{65}$$

La Figure 8 montre que la courbe de tendance analytique est très proche de la courbe des pertes de masse $m_{eq}(T)$ mesurée expérimentalement.

Chapitre 1

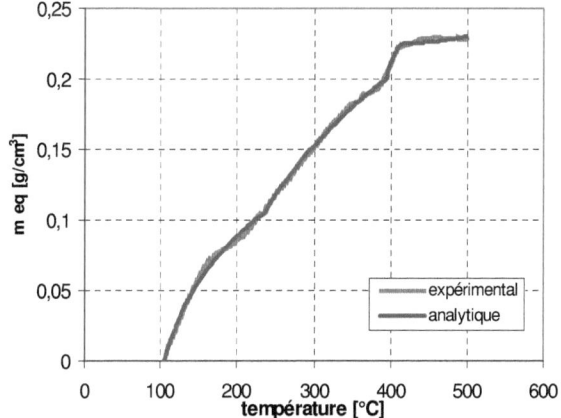

Figure 8. Courbe de déshydratation à l'équilibre et courbe analytique en fonction de la température

III-2.2 Détermination de la relation d'évolution de la déshydratation

Il s'agit de proposer une relation permettant de déterminer l'évolution de la déshydratation $m_{dehy}(T)$ en fonction de l'histoire de la température. C'est à dire que l'on cherche à exprimer la vitesse de perte de masse $\dot{m}_{dehy}(T)$ en fonction d'un "écart à l'équilibre $m_{dehy}(T) - m_{eq}(T)$ selon l'équation :

$$\dot{m}_{dehy} = -\frac{\langle m_{dehy} - m_{eq}(T) \rangle}{\tau_{dehy}} \tag{66}$$

Des essais réalisés par Pasquero (2004) sur des pâtes de ciment ordinaire ont montré que proposer une loi simple, permettant de prédire la cinétique de perte de masse de la pâte de ciment, était une tâche très complexe faisant intervenir un grand nombre de temps caractéristique τ_{dehy}. C'est pourquoi on va tenter de donner un temps caractéristique τ_{dehy} approximatif.

Il est à signaler que les valeurs de températures de nos paliers, pour les essais de fluage thermique transitoire sont : 150°C, 200°C, 300° et 400°C. Ainsi un essai de perte de masse avec des paliers dont les températures seront celles de nos essais de fluage thermique transitoire sera étudié au paragraphe suivant.

III-2.2.1 Essai de perte de masse

Dans cet essai, nous souhaitons parvenir à reproduire les même valeurs de température de paliers des essais de fluage thermique transitoire : 150°C, 200°C, 300°C et 400°C, la même valeur de montée en température égale à 1,5°C/min mais avec une durée de palier égale à 10h. L'évolution de la température et de la perte de masse en fonction du temps sont représentées par la Figure 9.

Chapitre 1

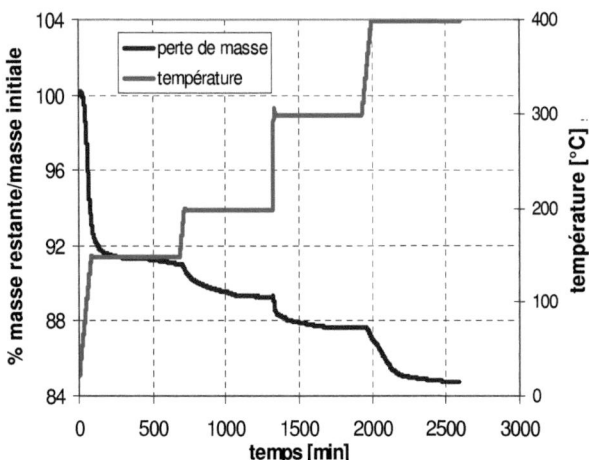

Figure 9. Courbe de la perte de masse à l'équilibre du deuxième essai en fonction de la température et du temps

Il est à signaler que tous les essais qui ont été menés ont été faits sur le même échantillon. Il faut noter aussi que cet essai de perte de masse a été réalisé trois mois et demi après les essais ATD/ATG. Ceci a bien entendu induit une perte de la masse initiale de l'échantillon. Une comparaison entre les valeurs à la fin des quatre paliers avec la perte de masse à l'équilibre ne sera pas possible.

L'idée est alors, en regardant la courbe d'évolution de la perte de masse en fonction du temps à la fin de chaque palier, de prendre la valeur de la perte de masse à la fin de chaque palier comme étant la valeur de perte de masse à l'équilibre. Ce choix est fait car la courbe semble tendre vers une stabilisation de perte de masse surtout pour les paliers deux et trois correspondant aux valeurs de température 200°C et 300°C. Ceci est moins évident pour le premier palier de température à 150°C.

Nous pouvons, à l'aide des courbes de la Figure 9, trouver l'écart à l'équilibre $m_{dehy}(T) - m_{eq}(T)$ pendant chacun des paliers. Les courbes sont présentées sur la Figure 10.

Il semble par ailleurs, compte tenu de la forme des courbes de la Figure 10 que l'on peut tenter de les décrire en faisant intervenir des temps caractéristiques.

La méthode classique utilisée pour approcher ce type de courbes consiste à identifier les plages de points qui décrivent le mieux possible l'allure de la courbe dans son ensemble: chaque courbe peut être décrite sous la forme d'une exponentielle, avec un temps caractéristique τ_{dehy} bien distinct. Pour chaque palier, nous déterminons le terme τ_{dehy} où $m_{eq}(T) - m_{dehy}(T)$ s'écrit sous la forme:

$$m_{eq}(T) - m_{dehy}(T) = \left(m_{eq}(T) - m_{dehy}(0)\right).e^{-\frac{t}{\tau_{dehy}}} \qquad (67)$$

Cette équation peut se mettre encore sous la forme :

$$\ln\left(m_{eq}(T) - m_{dehy}(T)\right) = \ln\left(m_{eq}(T) - m_{dehy}(0)\right) - \frac{t}{\tau_{dehy}} \qquad (68)$$

Chapitre 1

Cette écriture permet d'évaluer la valeur du temps caractéristique de décroissance de la masse τ_{dehy} pour chaque palier. A titre d'exemple on présente la démarche pour calculer la valeur du temps caractéristique τ_{dehy} pour le palier à 200°C.

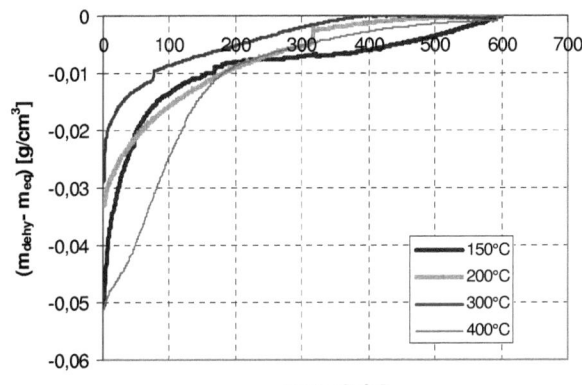

Figure 10. Evolution des courbes $m_{dehy}(T) - m_{eq}(T)$ mesurées pour les paliers de T en fonction du temps du palier

III-2.2.2 Palier à 200°C

La Figure 11 représente l'évolution de la courbe $m_{eq}(200°C) - m_{dehy}(T)$ en fonction du temps, exprimant la différence entre la valeur de la perte de masse à l'équilibre et celle de la perte de masse produite le long du palier à 200°C. Rappelons que $t = 0$ correspond au début du palier à 200°C et que la valeur de perte de masse à l'équilibre est choisie égale à celle mesurée à la fin du palier car il semble qu'on ait une stabilisation de la perte de masse.
La représentation dans une échelle logarithmique montre que la courbe est valablement approchée par une droite (Figure 12) et que le temps caractéristique de décroissance de la masse τ_{dehy}^2 est égal à **105 minutes** environ. Nous décrivons la courbe à travers l'expression analytique:

$$m_{eq}(200°C) - m_{dehy}(T) \approx 0.049 \cdot \exp(-0.0097 \cdot t) \tag{69}$$

Chapitre 1

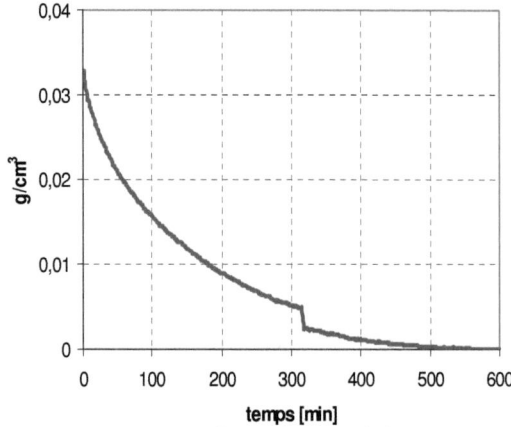

Figure 11. Evolution de la courbe " $m_{eq}(200°C) - m_{dehy}(T)$ " en fonction du temps du palier à 200°C

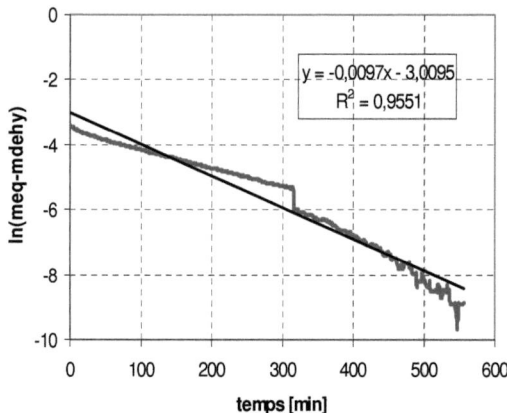

Figure 12. Représentation de $\ln\left(m_{eq}(200°C) - m_{dehy}(T)\right)$ en fonction du temps du palier

Pour cet essai de perte de masse, nous avons trouvé les 4 temps caractéristiques 257 min, 105 min, 122 min et 140 min correspondant aux paliers respectifs 150°C, 200°C, 300°C et 400°C. Ainsi on a obtenu un temps caractéristique de l'ordre de 4 heures pour le palier à 150°C et de l'ordre 2 heures pour les trois autres. Le temps caractéristique de 4 h pour le premier palier semble être justifié par les doubles réactions : élimination de l'eau libre par vaporisation et le début de la décomposition des C-S-H par déshydratation à partir de la température conventionnelle de 105°C. La valeur de 2 heures de temps caractéristique pour les trois autres paliers semble être le temps caractéristique de la déshydratation jusqu'à la température de 400°C.

Chapitre 1

Ainsi les deux paramètres de l'équation sont identifiés en utilisant des essais thermogravimétriques. Ces paramètres vont permettre de calculer les valeurs de $m_{dehy}(T)$ afin d'identifier le fluage de déshydratation.

III-3 Identification du fluage de déshydratation

Ainsi, les valeurs du fluage thermique transitoire à 150°C, 200°C, 300°C et 400°C peuvent être maintenant exprimées en fonction des valeurs correspondantes de la déshydratation (Figure 13). Cette figure montre une tendance parabolique de l'évolution du fluage thermique transitoire en fonction de la déshydratation. Ainsi, on obtient l'expression analytique suivante :

$$\varepsilon_{hc}\left(m_{dehy}\right) \approx -7 \cdot 10^{-8} \left(m_{dehy}\right)^2 \tag{70}$$

par la méthode des moindres carrés avec un coefficient de corrélation $R = 0.9908$

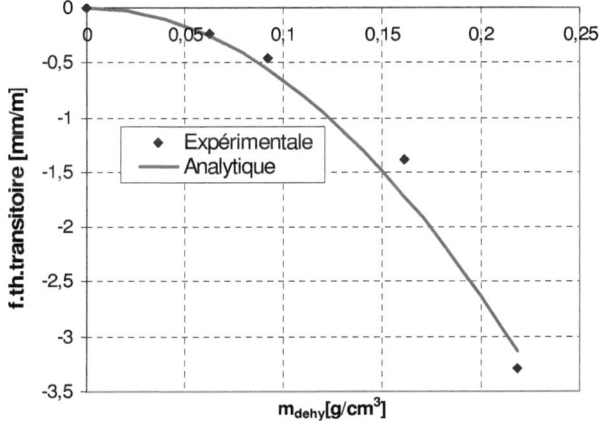

Figure 13. Fluage thermique transitoire en fonction de la déshydratation

Une expression incrémentale pour le fluage thermique transitoire peut être ainsi proposée. En effet, à partir de la Figure 13, l'incrément de la déformation du fluage thermique transitoire $d\varepsilon_{tc}$ est obtenu à partir de la dérivée de la déformation du fluage thermique transitoire ε_{tc} par rapport à la déshydratation $m_{dehy}(T)$ en utilisant la formule suivante :

$$d\varepsilon_{tc} = \frac{\partial \varepsilon_{tc}}{\partial m_{dehy}} \frac{\sigma}{f_c} dm_{dehy} = \alpha_{hc} \frac{\sigma}{f_c} dm_{dehy} \tag{71}$$

Grâce à la forme parabolique de la courbe analytique, une relation linéaire pour α_{hc} est obtenue (dérivée de la courbe dans la Figure 13)

$$\alpha_{hc} = 7 \cdot 10^{-7} m_{dehy}$$

Chapitre 1

IV. Simulation et validation

Le but de ces simulations est l'investigation de la capacité du modèle proposé à prédire le comportement thermo-mécanique transitoire du béton. Pour atteindre cet objectif, les résultats de ces simulations seront comparés à ceux obtenues par Hager (2004) dont la configuration de référence diffère de celle utilisée dans la procédure d'identification. Ces tests de fluage thermique transitoire ont été réalisés sur un béton ordinaire (M30C) et sur trois types de béton de hautes performances (M75C, M75SC et M100C). Notons ici que le M100C correspond au même type de BHP utilisé lors de nos essais de fluage thermique transitoire mais avec des valeurs différentes de modules d'Young et de résistance à la compression.

Formulation	M30C	M75C	M75SC	M100C
f_c [MPa]	39.3	99.8	89.4	120.7
E [GPa]	36.1	47.5	48.8	50.8

Tableau 2. Module d'Young et résistance à la compression initiale pour différentes formulations

Les spécimens de l'essai du fluage thermique transitoire ont un diamètre de 104 mm et une longueur de 300 mm et sont chauffés avec un taux de chauffage égal à 1°C/min suivi par un palier de stabilisation de température à 600°C de durée de trois heures et suivi ensuite par une phase de refroidissement. En outre, deux taux de chargements sont considérés 20% et 40% de la résistance à la compression. La variation du module d'Young et celle de la résistance à la compression sont représentés par la Figure 14. Leurs valeurs à température ambiante sont données dans le Tableau 2. Cette figure montre une décroissance du module d'Young pour les quatre bétons avec des valeurs ne dépassant pas les 15%. Le béton M75SC possède la valeur minimale (de l'ordre de 2%).

Afin de simuler le comportement du béton dans la phase de refroidissement, on va utiliser les résultats expérimentaux de l'évolution du module d'Young et de la déformation thermique libre de nos essais du fluage thermique transitoire. Sur la Figure 15, on représente l'évolution du module d'Young normalisé en fonction de la température dans la phase chauffage et dans la phase refroidissement.

Sur la Figure 16 on représente l'évolution de la valeur moyenne de la déformation thermique libre en fonction de la température (chauffage-refroidissement) pour nos essais de fluage thermique transitoire. Ce qui nous intéresse ici est bien évidemment la partie refroidissement. Ainsi, on représente sur la Figure 17 la déformation libre en fonction de la température. Cette courbe montre une tendance parabolique de l'évolution expérimentale de cette déformation dans la phase de refroidissement. Une loi analytique est proposée ici avec un coefficient de corrélation $R = 0.9$. En effet, l'incrément de la déformation thermique libre $\dot{\varepsilon}_{th}$ est une fonction de l'incrément de température $\dot{T}$ en utilisant la formule suivante :

$$\dot{\varepsilon}_{th} = (\alpha_{th} T + \beta_{th})\dot{T} \tag{72}$$

T étant la température, $\alpha_{th} = 2 \cdot 10^{-5}$ et $\beta_{th} = 7 \cdot 10^{-5}$

Chapitre 1

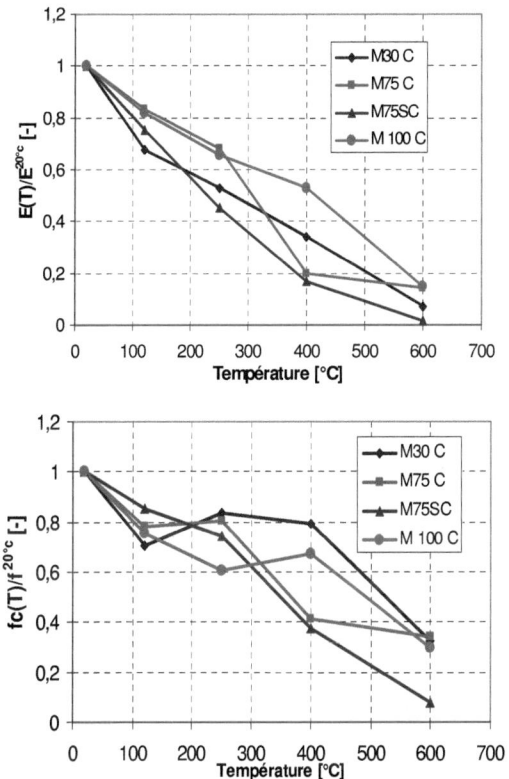

Figure 14. Evolution du module d'Young et de la résistance à la compression normalisés avec la température

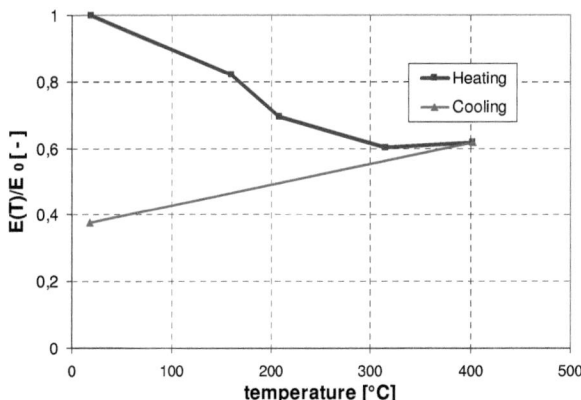

Figure 15. Evolution du Module d'Young normalisé en fonction de la température

Chapitre 1

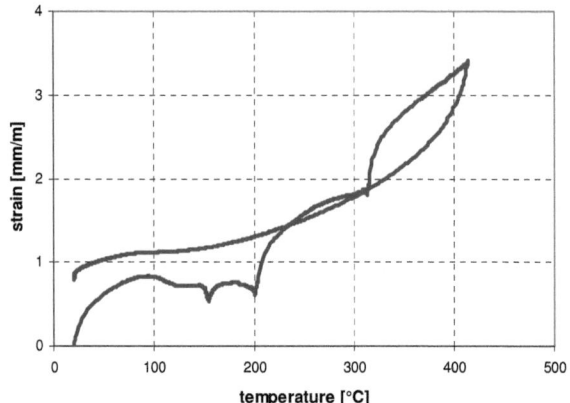

Figure 16. Déformation thermique libre en fonction de la température

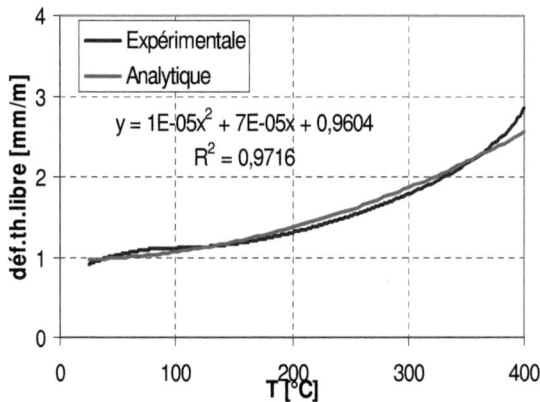

Figure 17. Déformation thermique libre dans la phase de refroidissement

La Figure 18 et la Figure 19 représentent la comparaison entre les résultats expérimentaux et ceux numériques de la valeur moyenne de la déformation thermique libre ε_{th} (Thermique), la déformation totale ε (Totale) à partir de laquelle la déformation élastique initiale a été soustraite et la déformation du fluage thermique transitoire ε_{tc} (Transitoire) pour le cycle de chauffage refroidissement considéré. Il est à noter ici que la déformation thermique libre est déterminée analytiquement pour chaque type de béton pour ce cycle de chauffage-refroidissement.

Chapitre 1

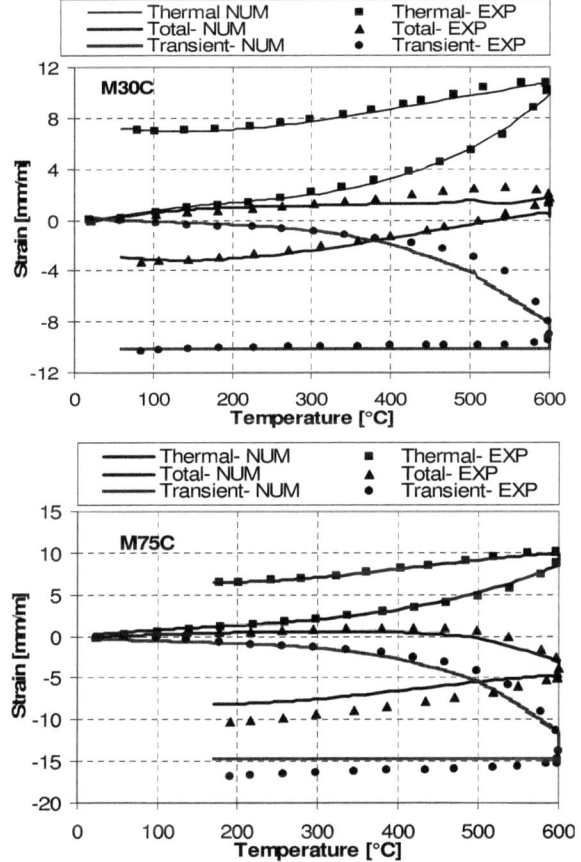

Figure 18. Comparaison des résultats numériques et expérimentaux pour le béton M30 C (haut) et M75C (bas) chargés à 20% de la résistance mécanique

Les deux figures montrent une bonne corrélation entre les résultats expérimentaux et numériques pour les deux types de béton : BHP et BO. On peut voir clairement que la déformation du fluage thermique transitoire continue à se produire durant le palier de température à 600°C pour se stabiliser ensuite. Ceci montre bien la validité des hypothèses avancées où la déformation du fluage thermique transitoire est une déformation qui se produit avec une cinétique : cette déformation a besoin de temps pour se produire. En effet, vu la présence de la cinétique, le fluage de déshydratation continue à se produire tant que $\dot{m}_{dehy} > 0$
En outre les trois heures de palier sont suffisantes pour la stabilisation de la déformation du fluage thermique transitoire. Cette stabilisation est due au fait qu'on a atteint la déshydratation maximale : c'est le moment où on a égalité entre $m_{dehy}(T)$ et $m_{eq}(T)$.

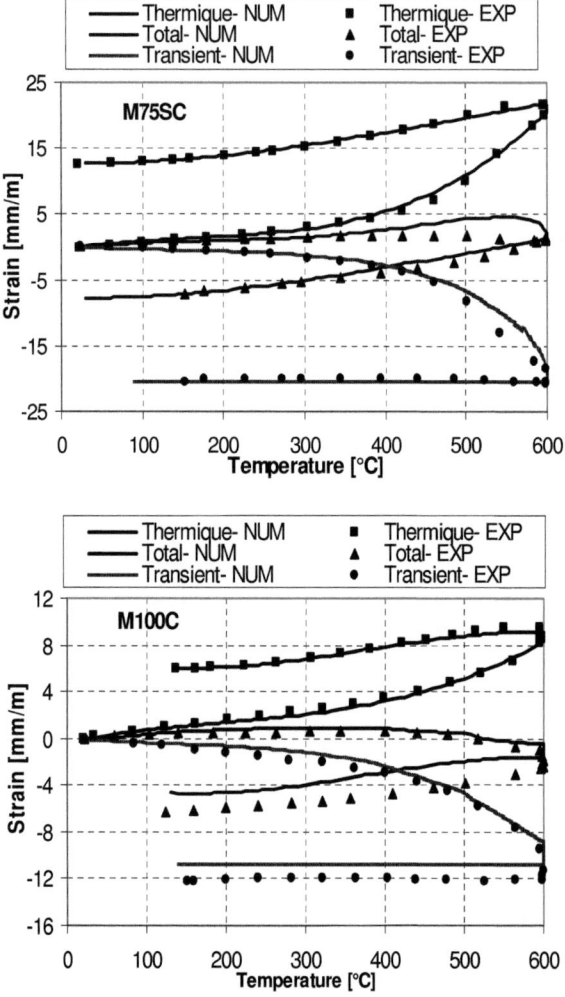

Figure 19. Comparaison des résultats numériques et expérimentaux pour le béton M75SC (haut) etM100C (bas) chargés à 20% de la résistance mécanique

V. Conclusion

Un modèle thermo-hydro- mécanique pour le comportement du béton à hautes températures a été préssenté. On s'est intéressé particulièrement à l'étude de la déformation de fluage transitoire durant un cycle chauffage - refroidissement. Cette déformation est décomposée en deux types de fluage : un fluage de dessiccation et un fluage de déshydratation. Ce dernier est contrôlé par la cinétique du processus de déshydratation. Une variable de déshydratation est

Chapitre 1

donc introduite afin d'en contrôler le processus pour des températures inférieures à 400°C et des taux de chargements inférieurs à 40% de la résistance à la compression. Les procédures d'identification des paramètres de fluage transitoire ont été réalisées sur des éprouvettes avec une température maximale égale à 400°C. Le modèle proposé a donc été utilisé pour prédire le comportement de différents types de bétons pour des températures supérieures à 400°C et également soumis à un cycle de chauffage refroidissement. Les résultats de simulation permettent de reproduire de façon satisfaisante la composante de fluage thermique transitoire au cours de la partie de chauffage et de la partie refroidissement.

En effet, l'hypothèse du rôle moteur de la cinétique de déshydratation sur le fluage thermique transitoire permet de simuler le comportement expérimental de cette déformation. Ce comportement expérimental est d'autant plus clair qu'un palier de température est maintenu pour plusieurs heures permettant au fluage thermique transitoire de continuer à se développer. Cette simulation du cycle chauffage refroidissement a montré que la déformation du fluage thermique transitoire ne dépend pas de la température maximale atteinte, mais continue à se produire jusqu'à ce que la valeur de la déshydratation atteigne la valeur de la déshydratation à l'équilibre qui varie avec la température. Ceci diffère des modèles basés sur une dépendance uniquement en température du fluage thermique transitoire. La différence est plus marquée lorsque les vitesses de température sont importantes. Or, les essais existants dans la littérature ne sont pas suffisamment rapides pour mettre en évidence ce phénomène, ce qui pourrait expliquer en partie le choix d'une dépendance en température.

Néanmoins, ce même comportement a été noté pour la déformation thermique libre qui continue aussi de se produire durant les paliers de 600°C. Ainsi d'autres recherches devraient être réalisées pour simuler le comportement de cette déformation sous des cycles de chauffage-refroidissement.

Chapitre 2 : Utilisation des essais ATD/ATG pour déterminer les effets de hautes températures sur la pâte de ciment tunisien

I. Introduction

La dégradation des pâtes de ciment exposées à de hautes températures est étudiée au moyen de plusieurs techniques de mesure, telles que l'analyse aux rayons X, le microscope électronique à balayage, le spectroscope et l'analyse thermogravimétrique *(ATG)* et l'analyse thermique différentielle *(ATD)*.
En général, l'étude de l'évolution de la microstructure est basée sur l'observation des phases du gel CSH, de la portalandite $Ca(OH)_2$ et le carbonate de calcium $CaCO_3$ présent dans les spécimens. La quantification de ces derniers a permis à de nombreux auteurs de connaître l'histoire thermique d'un béton ou d'une pâte de ciment ayant été soumis à de hautes températures (Midgley, 1978, Baroghel, 1994, Krzys, 1999, Harmathy, 1968, Raina et al., 1978, Sabeur et al, 2008 ; Sabeur, 2011; Handoo et al., 2002). Ces essais permettent de déterminer la plage de température atteinte lors de l'incendie et le gradient de température créé entre la surface exposée au feu et l'âme de l'échantillon étudié (Handoo et al. , 1997) .

Harmathy (1968) explique que les investigations réalisées avec des techniques thermo-analytiques utilisent le fait que, lors du chauffage, la pâte de ciment est soumise à une suite continue de réactions de décomposition plus au moins irréversible. Par conséquent, une fois chauffé, le spécimen se comportera pendant un certain temps en tant que matériau stable à la température de chauffage. L'auteur a démontré l'utilité de l'utilisation de la technique thermogravimétrique différentielle pour mesurer la température à laquelle le béton aurait pu être exposé lors d'un incendie (Harmathy, 1968). Raina et al. (1978) et Handoo et al. (1997) ont également rapporté l'application de la technique ATD/ATG pour évaluer l'endommagement subi par un béton exposé au feu. Handoo et al. (2002) ont montré que la diminution de la teneur en portlandite avec l'augmentation de la température peut être utilisée pour évaluer l'état des éléments de construction soumis à des incendies accidentels. Lucia et al.(2005) ont montré que, même si la réaction de déshydroxylation est réversible, la portlandite formée lors du refroidissement, a une température de début de décomposition plus basse que celle de la portlandite initiale et peut donc être considérée comme un témoin pour déterminer l' historique de la température du béton après une exposition au feu .

Pasquero (2004) a montré que, par des essais ATD/ATG, la quantification de la portlandite et de la calcite dans un échantillon de ciment "blanc" (qui n'a pas reçu un traitement thermique préalable), permet l'identification des réactions qui se sont produites lors de l'hydratation de la matière et de définir la nature des composants initiaux (pouzzolanes , calcaire ...) .

Ainsi, les essais ATD/ATG semblent fournir de nombreux indices quand on veut étudier l'histoire thermique d'un spécimen. Ils peuvent nous donner une fourchette de températures atteintes lors d'un incendie et permettent la quantification des réactions avec la température à laquelle ils se sont produits.
La pâte de ciment est le composant du béton qui rend possible toutes ces investigations et la présence d'agrégats tend à masquer certaines caractéristiques des courbes thermogravimétriques (Harmathy, 1968).
Le comportement du béton à hautes températures est un sujet d'actualité dans le monde de la recherche (la dernière catastrophe au japon est le dernier témoin) mais qui est très récent en

Tunisie. Il semble alors illogique d'entamer n'importe quelle étude sur n'importe quel type de béton tunisien avant de passer par l'étude de la pâte de ciment tunisienne à hautes températures. Pour ce faire, l'étude ci-dessus analyse les effets thermiques sur une pâte de ciment "tunisienne" en procédant à des essais d'analyse thermogravimétrique (ATG) et d'analyse thermodifférentielle (**ATD**), pour différentes vitesses de chauffage. Une variable de déshydratation est définie à partir de cette perte de masse pour décrire les transformations chimiques en raison de l'augmentation de la température. Une comparaison avec la pâte de ciment française (étudiée dans le chapitre précédent) a également été réalisée. Il est à noter que ce travail a été réalisé en collaboration avec l'équipe de Mr PLATRET Gérard, responsable des "Etudes Minéralogiques" et "Chimie des Solutions" au département Matériaux - Groupe CPDM à l'Institut français des sciences et technologies des transports, de l'aménagement et des réseaux IFSTTAR (ancien LCPC).

II. Principe de chaque méthode d'analyse

II-1 L'analyse thermogravimétrique *(ATG)*

Le principe de l'analyse thermogravimétrique (ATG) est de mesurer, en fonction du temps ou de la température, la variation de masse d'un échantillon soumis à un programme de température déterminé dans une ambiance gazeuse donnée. D'une manière générale, cette technique est concernée par toute réaction entraînant un dégagement gazeux ou la fixation d'un composant de l'atmosphère où se déroule l'expérience. Dans le cas des ciments et des bétons, elle enregistre les réactions d'oxydation, réduction, déshydroxylation et décarbonatation.

II-2 L'analyse thermodifférentielle *(ATD)*

L'analyse thermodifférentielle (ATD) consiste à chauffer, simultanément l'échantillon à étudier et un témoin "inerte", c'est à dire un matériau qui ne subit aucune transformation pendant la montée en température. Dans la plupart des cas, il s'agit du kaolin calciné. Chaque événement (changement de phase) intervenant est accompagné par un dégagement de chaleur qui se traduit par une différence entre la température de l'échantillon et celle du témoin. Cette différence est détectée à l'aide de deux couples thermoélectriques de même nature montés en opposition. La température à laquelle se produit l'événement est mesurée par un troisième thermocouple indépendant. Les réactions qui se produisent sont alors mises en évidence, dans des courbes de température différentielle, par des pics endothermiques et exothermiques.

II-3 Dispositif expérimental

Les analyses thermogravimétrique et thermodifférentielle de nos échantillons de pâte de ciment sont réalisées à l'Ifsttar : Institut français des sciences et technologies des transports, de l'aménagement et des réseaux *(l'ancien Laboratoire Central des Ponts et Chaussées)*. Les essais d'ATG sont réalisés simultanément que l'essai ATD, à l'aide d'un appareil **NETZSCH STA 409.**

Le dispositif expérimental, dont le principe de fonctionnement est schématisé dans la Figure 20, est constitué par une thermobalance (ou analyseur thermique simultané), un échantillon de béton broyé et un creuset en platine. L'échantillon de pâte de ciment à analyser est broyé entre 80 et 315 µm. Ensuite, une masse de 154.6 mg environ est placée dans le creuset du dispositif et pesée avec une balance de précision 0.1mg. Le programme prévoit une montée en

Chapitre 2

température linéaire, avec trois vitesses de montées de 0.2°C/min 0.5°C/min et 10°C/min, depuis la température ambiante jusqu'à 1150°C.

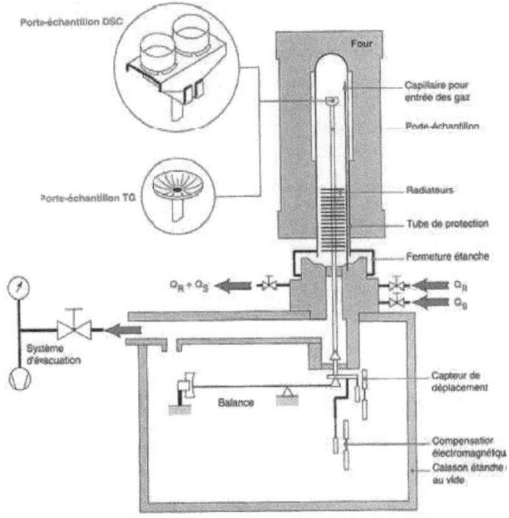

Figure 20 . Principe de fonctionnement d'une thermobalance
[Baroghel-Bouny et al., 2002].

II-4   Préparation et coulage des échantillons

Les échantillons de la pâte de ciment tunisienne, préparés pour les essais ATG / ATD, sont réalisés en se basant sur la composition d'une pâte optimale de consistance normalisée *(de rapport E/C= 0.272)* déterminée à partir de l'essai de consistance réalisé au LGC de l'ENIT. Cette pâte contient seulement le ciment Portland CEM I 42.5 MPa (de CAT) et l'eau.
Le Tableau 3 donne la composition chimique et minérale ainsi les caractéristiques physiques et mécaniques du ciment CEM I utilisé dans nos spécimens en mortier.

Puisqu'on a seulement deux ingrédients, la procédure du coulage est simple. On met le ciment dans le malaxeur à une vitesse lente et on ajoute progressivement de l'eau pendant 3 minutes. Puis, on augmente la vitesse de malaxage durant 90 secondes. La pâte obtenue est coulée dans des moules à aiguille "le châtelier" *(de diamètre 3cm)*. Ces moules sont nettoyés avec de l'huile démoulant et fixés par des serre-joints. Après une légère vibration, afin d'éliminer les bulles d'air, les moules sont protégés par un film adhésif en plastique pour éviter le séchage par air. Le démoulage des éprouvettes est effectué après 24 heures (Chakhari, 2011).

Chapitre 2

Composition chimique (%)		Caractéristiques physiques		Caractéristiques mécaniques	
SiO_2	20-20.9	Consistance normale (%)	25-27	**Résistance à la compression [MPa]**	
Al_2O_3	4.9-5.3	Aire massique [m²/ Kg]	240-310	2 days	15-25
Fe_2O_3	3.7-4.2	Début de prise [min]	130-200	7 days	27.2-37.2
CaO	63.5-64.8	Fin de prise [min]	190-260	28 days	43-62
MgO	1-1.3	expansion à chaud [mm]	0.2-1	**Résistance à la flexion [MPa]**	
K_2O	0.4-0.5	Densité [g /cm³]	3.1-3.2	2 jours	2.5-3.7
Na_2O	....	Refus au tamis140 µ	23-25	7 jours	5.2-6.4
SO_3	1.5-2	Refus au tamis 180 µ	3-5	28 jours	7-8
CO2	1.6-2.4	**Composition Minérale(%)**		**[%] des constituants**	
Cl--	0.01	C_3S	52.8-63	Clinker	90-95
IR	0.6-0.9	C2S	7.8-17	Calcaire	≤ 5
CaOL	0.4-1.2	C3A	5-12	Gypse	3
		C4AF	8-14		

Tableau 3. Composition chimique et minérale & caractéristiques physiques et mécaniques du ciment CEM I

II-5 Analyse des courbes ATG/ATD

L'exploitation des courbes permet d'identifier et de quantifier les phases minérales contenues dans le béton. Leur présence ou leur absence est associée à des seuils de température.
Les analyses ATG/ATD réalisées sur notre pâte de ciment sont présentées par la Figure 21. Rappelons que l'échantillon utilisé dans les essais ATG/ATD provenait des éprouvettes âgées de 28 jours. La montée en température a été réalisé de 20°C à 1150°C avec une vitesse de 10°C/min.

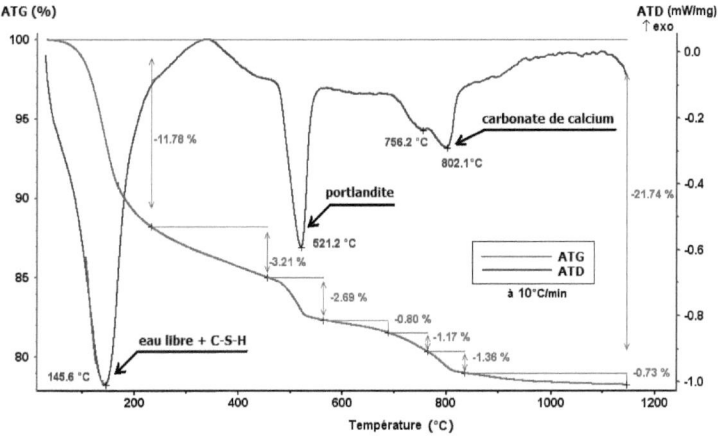

Figure 21. Evolution des courbes ATG/ATD de la pâte de ciment chauffé à 10°C/min.

Les courbes ATG/ATD obtenues, exprimées en fonction de la température, permettent de repérer les températures des différentes réactions qui se produisent au sein de la pâte de ciment avec les valeurs correspondantes de perte de masse tout en précisant la température de début et de fin de réaction.

L'échantillon a subi, pendant le cycle du traitement thermique, une perte égale 21,74% de sa masse totale. La Figure 21 nous permet de tirer les constatations suivantes:
- Un premier pic à la température de 145.6°C correspondant au départ de l'eau libre et la déshydratation du gel de C-S-H. Ceci est considéré comme la première grande perte de masse. A cette température, l'échantillon perd 11,78% de sa masse initiale.
- Un deuxième pic à la température 521,2°C correspondant à la décomposition de la portlandite considérée comme la deuxième grande perte de masse. La perte à cette température est environ 5,90% de la masse totale de l'échantillon.
- La deuxième phase de la décomposition du gel de C-S-H avec une deuxième phase d'évacuation de l'eau chimiquement liée *(environ 1,97% de perte de masse)* à 756,2°C.
- La température 802,1°C correspond à la troisième décomposition importante au sein de la pâte de ciment : décomposition du carbonate de calcium en libérant du gaz carbonique CO_2 par une réaction endothermique. La perte de masse à cette phase est de l'ordre de 1,36%.

III. Effets de la vitesse de montée en température sur l'équilibre chimique de la pâte de ciment

Lorsque l'élévation de la température est rapide, l'équilibre chimique de la pâte de ciment ne peut pas s'établir. Ceci est du à un décalage créé entre la valeur de la perte de masse à l'équilibre et celle mesurée à une température ''T'' ce qui indique l'existence d'une cinétique chimique. Afin de minimiser ce décalage, il est donc nécessaire de procéder à un essai avec une vitesse suffisamment faible. C'est la raison pour laquelle nous avons réalisé deux autres essais ATD/ATG sur le même échantillon de pâte de ciment avec les vitesses 0,5°C/min et 0,2°C/min dont les résultats sont donnés par la figure suivante. L'étude de l'évolution de la perte de masse peut être complétée en dérivant les courbes ATG en fonction de la température, pour obtenir les courbes **DTG**. Ces dernières présentent ainsi des points d'inflexion, correspondant respectivement à la présence ou à l'absence de changements de pente sur la courbe ATG.

A partir du premier graphique de la Figure 22, nous pouvons voir que, pour les trois courbes, nous avons une forme similaire avec trois points d'inflexion correspondant à la déshydratation des CSH, déshydroxylation de la portlandite et la décarbonisation de carbonate de calcium. En plus, pour les trois courbes, on peut voir une diminution des valeurs de perte de masse jusqu'à ce que des valeurs similaires à environ 800°C. En outre, on remarque la nette différence entre la vitesse de chauffage de 0,2°C/ min et les deux autres vitesses de chauffage de 0,5°C/min et 10°C/min sur les valeurs de la perte de masse. Les échantillons chauffés à une vitesse de chauffage rapide présentent une perte de masse plus élevée par rapport aux échantillons chauffés avec des faibles vitesses. Cette différence est probablement due à une plus grande quantité d'eau libre initiale

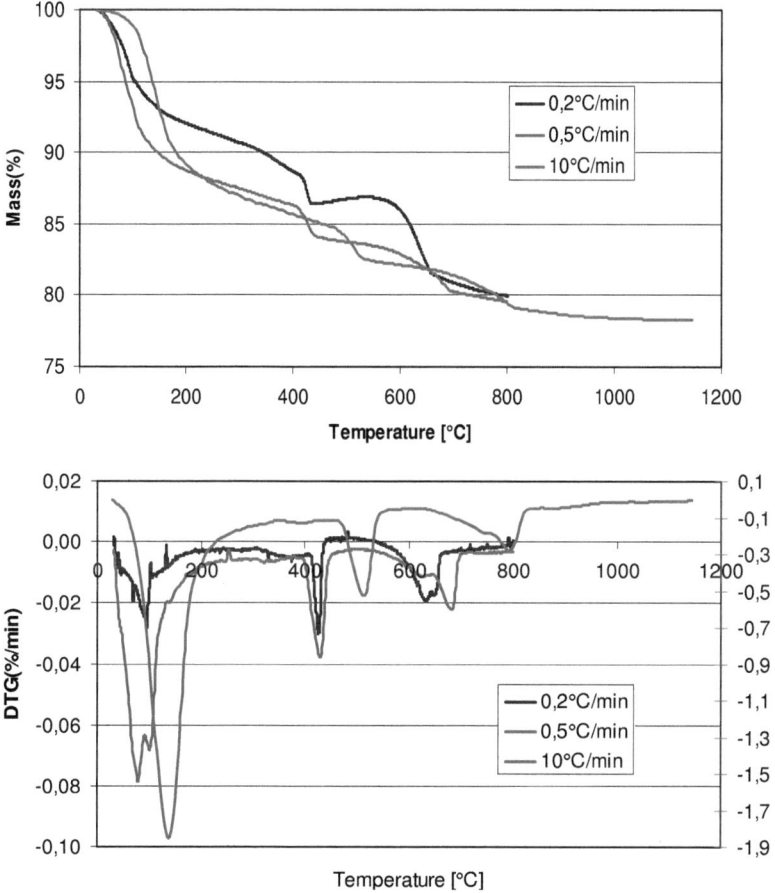

Figure 22. Perte de masse et DTG en fonction de la température pour spécimens chauffés à 0,2°C/min; 0,5°C/min et 10°C/min (pâte de ciment CEM I 42.5)

En ce qui concerne les courbes DTG (deuxième graphique de la Figure 22), il est à noter l'effet de la vitesse de chauffage sur la modification des intervalles des réactions qui se produisent au cours du chauffage. Les températures des pics de chaque réaction et la vitesse de chauffage correspondant sont résumés dans le Tableau 4. En outre, on note la présence d'un pic endothermique à 140°C qui englobe le processus d'évaporation de l'eau libre et la décomposition des CSH pour la vitesse de 10°C/ min de chauffage, tandis que les deux dernières réactions sont représentées par la présence de deux pics pour les deux autres vitesses de chauffage.

	0.2°C/min	0.5°C/min	10°C/min
Départ de l'eau libre	70°C	79°C	-
Décomposition C-S-H	97°C	104°C	140°C
Décomposition de la portlandite	428°C	434°C	515°C
Production de (β - C_2S)	620°C	630°C	740°C
décarbonatation de $CaCO_3$	652°C	686°C	800°C

Tableau 4. Températures des pics des réactions se produisant au sein du ciment CEM I pour différentes vitesses de chauffage

IV. Identification de la fonction de déshydratation

Comme pour le cas de l'étude de la pâte de ciment français à l'aide des tests ATD/ATG présenté en détails dans le premier chapitre, la même démarche est alors adoptée dans ce paragraphe pour la pâte de ciment tunisien. Ainsi les paramètres de l'équation (66), à savoir la fonction de déshydratation à l'équilibre et les temps caractéristiques seront déterminés. On représente alors sur la Figure 23 l'évolution de la déshydratation à l'équilibre par rapport à la température.

La dernière figure montre une relation presque linéaire dans la gamme de température [20°C-440°C] suivi d'un plateau après 440°C. Une seconde variation linéaire dans la plage de température [440°C-480°C] et un autre plateau après 660°C est obtenu. Cependant, afin d'avoir un ajustement plus précis de la courbe expérimentale, on adopte ici l'expression analytique suivante:

$$m_{eq}(T) = (0,0803 \cdot Ln(T) - 0,3638) H(T-105) + (0,1163 \cdot Ln(T) - 0,6781) H(T-354)$$
$$+ (0,7817 \cdot Ln(T) - 4,7157) H(T-414) + (-1,0038 \cdot Ln(T) + 6,0965) H(T-436) \quad (73)$$
$$+ (1,0176 \cdot Ln(T) - 6,4902) H(T-586) + (-0,8195 \cdot Ln(T) + 5,3266) H(T-661)$$

où H est la fonction de Heavside. Dans la même Figure 23, on représente la courbe analytique de la déshydratation à l'équilibre comparée à l'expérimentale. Nous pouvons voir que les deux courbes sont presque identiques.

Pour calculer le temps caractéristique τ de la pâte de ciment tunisien, un essai de perte de masse a été effectuée sur la même pâte de ciment, où la température a été augmentée à une vitesse de 1,5°C/min pour atteindre une température de 800°C passant par les plateaux de températures : 150°C, 200°C, 300°C, 400°C et 600°C maintenus pendant 10 heures. Les résultats de l'essai de perte de masse obtenus à la vitesse de 1,5°C/min sont résumés dans la Figure 24. Le premier graphe de cette figure donne l'évolution de la perte de masse de la pâte de ciment en fonction du temps. A partir de ce premier graphe, on peut voir que l'équilibre est atteint pour tous les plateaux de température à l'exception du dernier où la perte de masse continue à se produire, même après 10 heures. La forme de la courbe de perte de masse à des dans l'intervalle de températures [400°C-600°C] suggère plus de temps pour atteindre l'équilibre ou un autre palier de température à 500°C. Cette observation confirme que la

déshydratation est un procédé qui a besoin de temps pour se produire et elle prouve la forme de l'équation 66.
Le deuxième graphe de la Figure 24 montre la présence de trois pics principaux et cinq pics secondaires. Chacun de ces derniers pics correspondent à chaque palier de température. Les trois pics majeurs de la seconde courbe correspondent à la déshydratation des CSH, la déshydroxylation de la portlandite et la décarbonatation du carbonate de calcium.

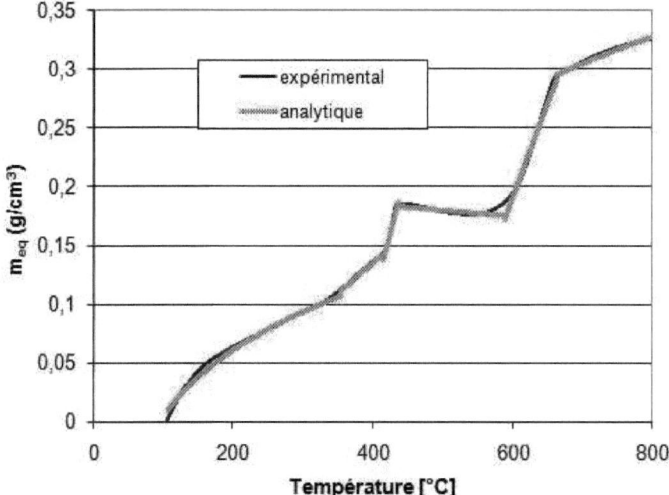

Figure 23. Perte de masse à l'équilibre (expérimentale et analytique) en fonction de la température.

En répétant le même mode opératoire réalisé pour la pâte de ciment français (paragraphe III-3), les temps caractéristiques obtenus pour la pâte de ciment tunisienne sont les suivants : 192 min, 30 min, 167 min et 35 min correspondant à des températures de 150°C, 200°C, 300°C et 400°C respectivement. Ceci montre bien que les temps caractéristiques dépendent de la température.
Le deuxième graphe de la Figure 24 donne l'évolution des courbes DTG et des plateaux de température en fonction du temps. La valeur du premier pic correspondant à la déshydratation des CSH masque le comportement réel à la fin de chaque plateau de température. Afin de mieux comprendre l'influence des réactions physico-chimiques qui se produisent dans la pâte de ciment sur la perte de masse (et donc sur la déshydratation), nous allons faire un zoom sur l'évolution de la courbe DTG comme le montre la Figure 25.
Cette figure présente clairement la forme réelle de la courbe DTG. En effet, la variation de la perte de masse a le même comportement que celle de la courbe DTG, en particulier la tendance asymptotique à la fin de chaque palier de température où la stabilisation de la perte de masse se produit pratiquement en même temps que la stabilisation de la courbe DTG. Pour un niveau de température donné, la courbe DTG et celle de l'évolution de la perte de masse atteignent leurs valeurs asymptotiques dans les mêmes intervalles de temps. Le comportement asymptotique de la courbe DTG à chaque plateau de température peut expliquer les différences entre les valeurs des temps caractéristiques des différents plateaux de température. En effet, ce comportement expliquer la raison pour laquelle l'équilibre est atteint plus

Chapitre 2

rapidement aux températures 200°C et 400°C. En outre, pour les plateaux de température 150°C et 300°C, nous avons un comportement similaire, ce qui induit des valeurs de temps caractéristiques similaires. Ceci confirme que l'évolution de la perte de masse est corrélée à l'évolution de la DTG. En d'autres termes, les réactions qui se produisent avec une élévation de température au sein de la pâte de ciment est la cause principale de la perte de masse de la fonction de déshydratation.

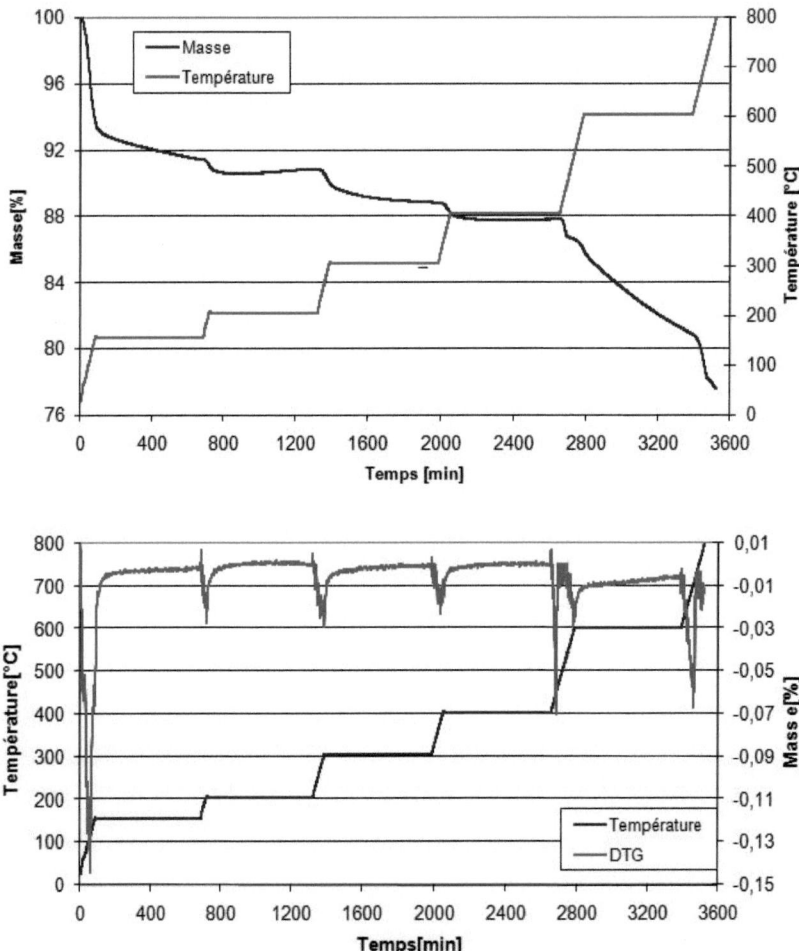

Figure 24. Perte de masse et température en fonction du temps (haut) – température et DTG fonction du temps (bas)

Chapitre 2

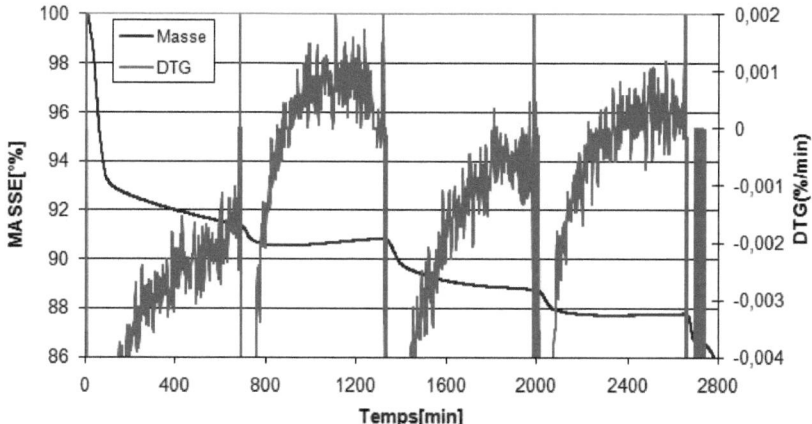

Figure 25. Perte de masse et DTG en fonction du temps et des plateaux de température

V. Comparaison entre les deux pâtes de ciment

On commence par la comparaison de la composition des deux pâtes de ciment données dans les Tableau 1 et Tableau 3. De ces deux tableaux, nous pouvons voir que les deux ciments ont des compositions comparables ce qui a induit à des caractéristiques mécaniques comparables.
Il est à noter ici que l'on compare deux pâtes de ciment différentes provenant de deux pays différents du nord et du sud de la Méditerranée.
En ce qui concerne la vitesse de chauffage 0,2°C/min, les résultats de la perte de masse et de l'évolution DTG correspondante pour les deux pâtes de ciment sont présentés dans le premier graphe de la Figure 26.
Comme nous pouvons le voir sur ces graphes, les deux courbes présentent la même allure jusqu'à la température de 500°C. Néanmoins, les valeurs de la perte de masse de la pâte de ciment français sont plus importantes comparées à celles de la pâte de ciment tunisien. Comme première explication, cette différence peut être attribuée à une plus grande quantité d'eau dans la pâte de ciment français par rapport à la pâte de ciment tunisien.
En outre, à partir du premier graphe de la Figure 26, on peut considérer que les plages de température qui caractérisent le début et la fin de la réaction (décomposition des CSH et de la portlandite) et les pics correspondants sont similaires.

Pour la vitesse de chauffage 10°C/min, les résultats de la perte de masse et de la DTG correspondant pour les deux pâtes de ciment sont présentés dans le deuxième graphe. Les deux courbes de perte de masse sont très proches avec des valeurs plus grandes pour la pâte de ciment français et cette différence semble être constante ; ce qui peut s'expliquer encore une fois par une plus grande quantité d'eau de la pâte de ciment français.
En outre, pour cette vitesse de chauffage, les courbes DTG sont proches avec des valeurs de températures similaires pour les pics des réactions principales. Par exemple, pour la décomposition des CSH, les températures correspondantes sont égales à 138°C et 140°C pour la pâte de ciment français et tunisien, respectivement. Le Tableau 5 présente les températures des pics et la perte de masse des trois principales réactions produites dans les pâtes de ciment tunisienne et française.

Chapitre 2

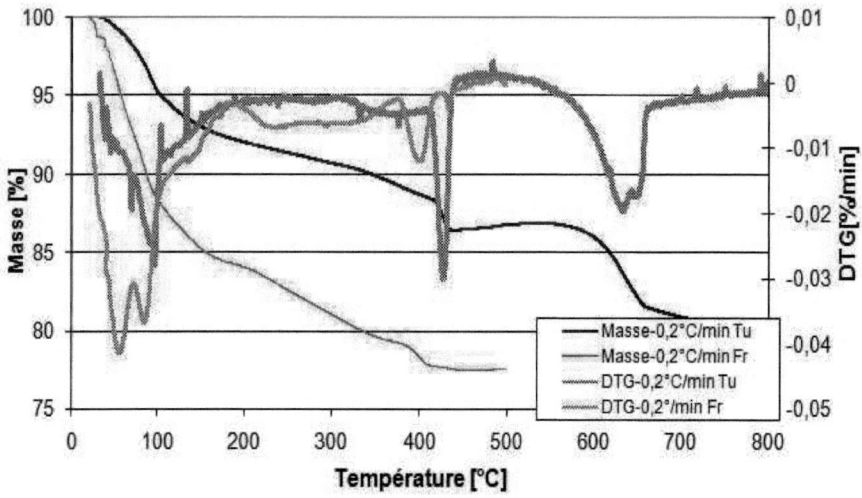

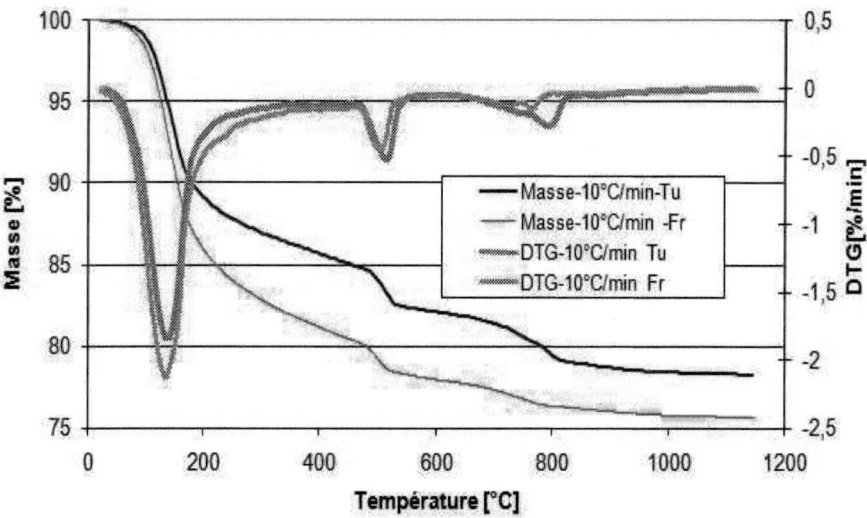

Figure 26. Perte de masse et DTG correspondante pour les deux pâtes de ciments (vitesse de chauffage 0.2°C/min et 10°C/min)

Vitesse de chauffage	0.2°C/min		10°C/min	
	Température [°C]	Perte de masse [%]	Température [°C]	Perte de masse [%]
Décomposition des C-S-H (T/F)	97/86	4,48/9,94	140/138	5,47/6,98
Décomposition de la portlandite (T/F)	428/402	12,9/21,83	515/510	16,44/21,21
Décarbonatation de $CaCO_3$ (T/F)	652	18	800/770	20,55/23,49

Tableau 5. Température de pics et pertes de masse se produisant au sein de la pâte de ciment tunisienne et française

Afin de vérifier la validité de cette hypothèse concernant la différence entre les deux pertes de masse et le rôle de l'eau libre, nous traçons dans la Figure 27, pour les deux vitesses de chauffage, la perte de masse, par rapport à la valeur de la masse à 105 °C en fonction de la température.

De cette figure, nous pouvons voir que la quantité d'eau ne semble pas être la seule raison de cette différence. Comme il est communément connu, la pâte de ciment hydraté est formée de quatre composés principaux : silicate tricalcique (C3S), silicate bicalcique (C2S), aluminate tricalcique (C3A) et tétracalcium aluminoferrite (C4AF). Les produits les plus importants de la réaction d'hydratation est l'hydrate de silicate de calcium (CSH) et la portlandite, également appelé l'hydroxyde de calcium, Ca (OH)2 (Sha et al. , 1999). La quantité de CSH et Ca (OH)2 formée dépendent principalement du rapport E/C, ce qui induit des valeurs plus élevées dans le cas de la pâte de ciment français. De plus, la fumée de silice par sa réaction pouzzolanique consomme de la portlandite pour former un gel CSH. Il est important de noter que des quantités plus importantes de CSH formées pendant l'hydratation induiront des quantités plus élevées de la déshydratation des CSH lors d'une augmentation de température. En outre, pour les deux vitesses de chauffage (deux graphes de la Figure 27), on peut noter que la différence reste constante après 300°C et avant la décomposition de la portlandite. Ceci confirme que, pour une température donnée T, les valeurs de perte de masse plus élevés de la pâte de ciment française par rapport à celles de la pâte tunisienne sont dues à des valeurs de perte de masse plus élevées mesurées lors de la première phase de la décomposition des CSH.

Afin d'expliquer les différences entre les deux pâtes de ciment, la Figure 28 donne l'évolution de la perte de masse relative et la température en fonction du temps pour ces deux pâtes. Concernant la vitesse de chauffage, les valeurs de perte de masse de la pâte de ciment française sont plus grandes comparées à celle de la pâte tunisienne. Il est à noter que pour la température de 400°C (le plateau de température finale pour la pâte de ciment française), cette différence est égale à 0.04 pour les deux vitesses de chauffage et 0.03 pour la perte de masse.

Avec des quantités plus importante de CSH, la pâte de ciment française a besoin de plus de temps pour la décomposition des CSH et donc des valeurs plus importantes pour les temps caractéristiques.

Chapitre 2

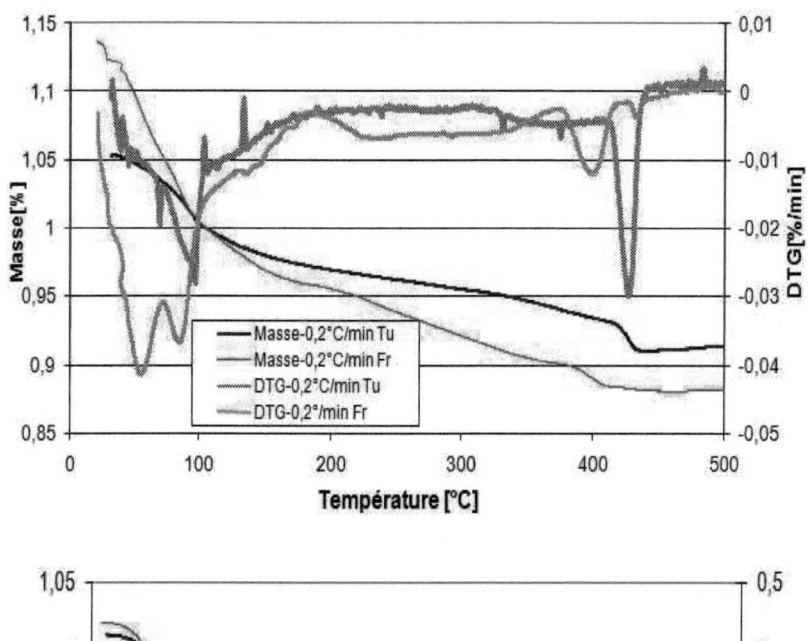

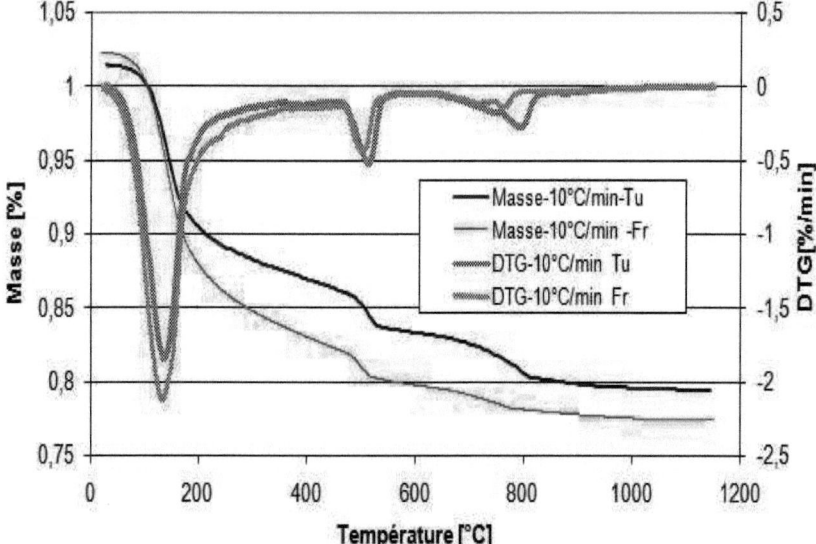

Figure 27. Perte de masse relative et DTG correspondante pour les deux pâtes de ciments
(vitesse de chauffage 0.2°C/min et 10°C/min)

Chapitre 2

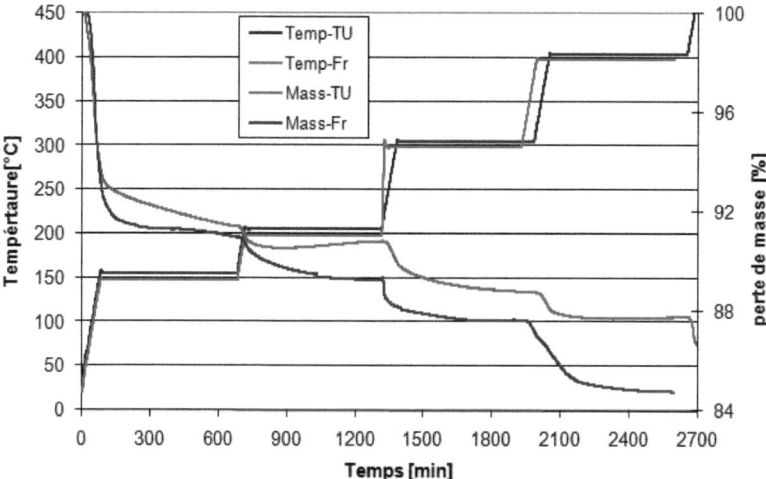

Figure 28. Perte de masse relative et température en fonction du temps pour les deux pâtes de ciments

VI. Conclusion

Dans ce travail de recherche, des essais ATD/ATG complétés par des analyses DTG ont été réalisés sur la pâte de ciment tunisien chauffé avec différentes vitesses de chauffage : 0,2°C/min; 0,5°C/min et 10°C/min jusqu'aux températures de 800°C et 1150° C. Les essais ATD/ATG permettent de caractériser les différentes réactions de décomposition qui se manifestent lors d'une élévation de température. En outre, la perte de masse de la pâte de ciment est analysée en utilisant les courbes ATG au cours duquel le chauffage est appliqué à la vitesse de 1,5°C/min pour atteindre les plateaux successifs de température (150°C, 200°C, 300°C, 400°C et 600°C). Ces essais de perte de masse permettent de calculer la fonction de déshydratation. Ces différents tests permettent d'avancer les conclusions suivantes :

-les essais ATD/ATG ont montré la présence de la cinétique chimique et l'existence d'une différence entre la valeur de la perte de masse à l'équilibre et celle mesurée à la température T. En effet, la vitesse de chauffage est intervenue en modifiant les plages de température qui caractérisent le début et la fin des réactions et leurs intensités.

-les essais de perte masse confirment le fait que la perte de masse continue à se produire durant plusieurs heures après le début de chaque plateau de température. Cette observation confirme que la déshydratation n'est pas instantanée, mais un processus qui demande du temps pour se produire.

-Par comparaison avec la pâte de ciment française, même si les deux pâtes de ciment sont de deux pays différents, pour les vitesses de chauffage 10°C/min et 0,2°C/min, les plages de température qui caractérisent le début et la fin de la réaction (décomposition de CSH, la déshydroxylation de la portlandite décarbonatation et de carbonate de calcium) et les pics correspondants sont comparables.

Chapitre 2

-les valeurs de la perte de masse de la pâte de ciment "Français" sont plus grandes comparées à celles de la pâte de ciment "tunisien". Cela est dû aux quantités plus importantes initiales de l'eau dans la pâte de ciment français. En outre, cette différence est due à des valeurs plus élevées de CSH formés au cours de l'hydratation qui va induire une plus grande quantité de CSH décomposé au cours de la première phase de la déshydratation de CSH (pour une température inférieure à 300 °C)

- Les courbes DTG ont montré que les temps de relaxation de la déshydratation sont fonction de la température. En outre, les évolutions de perte de masse sont corrélées aux évolutions DTG. Pour un niveau de température donné, ils atteignent leur valeur asymptotique dans les mêmes intervalles de temps. Cela prouve que les réactions qui se produisent avec une augmentation de température dans la pâte de ciment est la principale raison de la perte de masse et du coup de la fonction de déshydratation

- La masse perdue pour la pâte de ciment tunisien a confirmé que la cinétique de déshydratation des CSH est différente de celle de la décomposition de la portlandite. Celui-ci a besoin de plus de temps pour assurer la stabilisation de la perte de masse. En perspective, d'autres études sur la réaction de déshydroxylation et en particulier la cinétique de portlandite doivent être effectuées.

- Ce travail de recherche sur la pâte de ciment tunisien peut être utilisé comme une base pour tous les recherches dans le futur concernant le comportement du béton tunisien à hautes températures et surtout de pouvoir se situer par rapport à la pâte de ciment français. Dans le prochain chapitre les résultats des tests ATD/ATG seront utilisés pour l'étude du comportement résiduel du mortier tunisien.

Chapitre 3 : Effets de cycle chauffage-refroidissement sur les propriétés mécaniques résiduelles du mortier tunisien

I. Introduction

De nos jours le mortier de béton est largement utilisé dans les différentes parties de structures de génie civil. Du coup, le risque d'être exposé à de hautes températures élevées augmente également. Ainsi, une meilleure compréhension du comportement de mortier de béton à hautes températures prend de l'importance pour prédire les propriétés et le comportement des murs en maçonnerie et les éléments en béton à haute résistance dans les structures de génie civil. Les variations du module d'Young et les variations de la résistance à la compression résiduelle du mortier de béton au cours des cycles de chauffage refroidissement ou de variations résiduelles devient d'un grand intérêt. Dans la littérature, peu de recherches s'intéressent à ces variations au cours de la partie de chauffage (Mirza et al, 1991; Serdar et al 2008; Zaknoun et al, 2012) et quelques autres se sont intéressées aux propriétés résiduelles de mortier (Mehmet et Turan, 2002; Lion et al 2005;. Farage et Sercombe, 2003) en particulier aux propriétés mécaniques résiduelles (Mehmet et Turan, 2002;. Lion et al 2005)

En effet, Mehmet et Turan (2002) ont montré que, à des températures élevées supérieures à 600°C, des pertes considérables ont été observées dans les propriétés mécaniques du mortier à haute performance, et à 900°C, les échantillons ont perdu presque toutes leurs résistances. Une augmentation de la vitesse de chauffage et l'exposition à la température maximale pour une courte période de temps a donné lieu à des propriétés résiduelles plus élevées.

Lion et al. (2005) ont mesuré les propriétés résiduelles après traitements thermiques à 150°C ou 250°C. Ces phases de chauffage conduisent à une nette augmentation de la porosité et la perméabilité qui augmente pour atteindre une valeur égale à sept fois sa valeur initiale après un traitement à 250°C. Cette augmentation de la perméabilité résulte de deux effets distincts révélés expérimentalement par un élargissement des pores observés avec l'effet Klinkenberg (devient plus faible) et par une fermeture des micro-fissures se produisant avec l'augmentation de la pression de confinement.

Les différents pics de températures obtenues par les différents tests ATD/ATG seront utilisés pour des cycles de chauffage-refroidissement afin de déterminer les propriétés résiduelles, y compris la perte de masse, la résistance à la compression et le module d'Young correspondant sur des éprouvettes de mortier réalisées avec la même pâte de ciment après le traitement thermique.

II. Perte de masse résiduelle et propriétés mécaniques résiduelles des spécimens en mortier

II-1 Programme expérimental

II-1.1 Composition et dimensions des éprouvettes en mortier

Afin d'obtenir une répartition uniforme de la température à l'intérieur des échantillons, les essais ont été réalisés sur des cylindres en mortier. Un élancement (rapport longueur/diamètre) de 3 a été choisi: les dimensions de l'échantillon étaient de 100 mm pour le diamètre extérieur et 300 mm pour la longueur (Chakhari, 2011). La composition des cylindres de mortier normalisé (avec un rapport eau/ciment de 0,5) est donnée dans le Tableau 6. Avant l'essai, les cylindres ont été conservés dans l'eau à température ambiante. Les échantillons ont été soumis ensuite à un cycle de chauffage-refroidissement décrite ci-dessous. Au moins un spécimen a été conçu pour les tests de perte de masse et les essais de la résistance à la compression résiduelle.

Composant	Dosage (kg/m^3)
Sable de concassage 0/5	1790
Ciment	450
Eau	225

Tableau 6. Dosage du mortier.

II-1.2 Essais de chauffage - refroidissement

Afin de minimiser la quantité d'eau existante dans le béton suite à sa saturation d'eau durant 35 jours, les éprouvettes ont été chauffées à 60°C dans une étuve de marque « **AIR CONCEPT**» *(*Figure 29-*a)*. Ce séchage a été réalisé afin de protéger les éprouvettes des risques d'écaillage et d'éclatement du béton. Les éprouvettes sont chauffées, par série de trois, dans l'étuve durant le même palier de chauffage du cycle de chauffage-refroidissement à réaliser. La disposition des trois éprouvettes dans l'étuve est faite comme il est montré par la Figure 29 (Chakhari, 2011).

Les températures maximales du cycle correspondent à celles obtenues à partir des essais ATD /ATG décrits dans le deuxième chapitre. En effet, les échantillons ont été chauffés à trois vitesses de chauffage :0,5°C/min; 5°C/min et 10°C/min pour atteindre les plateaux de température 76°C, 101°C, 145°C, 431°C, 521°C, 686°C et 802°C maintenus constants pendant plusieurs heures pour assurer la stabilisation de la température interne et ensuite la perte de masse dans chaque cas. Trois durées de palier de température sont appliquées : 4h, 8h et 24 h, afin de comparer l'influence de ces durées sur l'endommagement de l'éprouvette testée. Les vitesses de chauffage, les températures des plateaux et les durées correspondantes sont résumées dans le Tableau 7.

Vitesse de chauffage	Plateau de Température (°C)	Durée des plateaux
0.5 °C/min	76	4h / 8h / 24h
	101	4h / 8h / 24h
10 °C/min	145	4h / 8h / 24h
5°C/min	431	4h / 8h
	521	4h / 8h
	686	4h
	802	4h

Tableau 7. Vitesses de chauffage et températures des plateaux appliquées durant le chauffage

Figure 29. Fours utilisés pour le chauffage des éprouvettes : (a) Etuve LABOTEST 200°C / (b) Four ELTI 1000°C (Chakhari, 2011).

Après le chauffage des éprouvettes à la température demandée durant un palier défini, elles sont laissées dans le four durant 24 heures afin de subir un refroidissement naturel jusqu'à la température ambiante. Puis, chaque éprouvette est emballée, par deux couches de film polyéthylène en plastique transparent, pour éviter le contact avec l'air humide. Ensuite, les éprouvettes sont déposées dans un endroit non humide et protégées par des sacs en plastique noir (Figure 30).

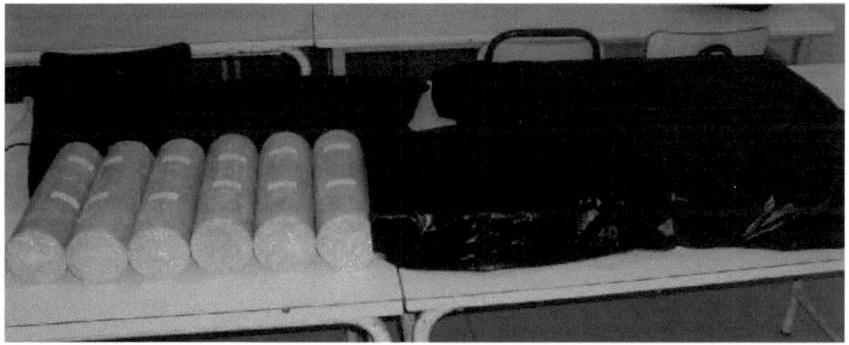

Figure 30. Conservation des éprouvettes thermiquement traitées (Chakhari, 2011).

II-2 Tests de perte de masse

Les résultats des essais de perte de masse sont présentés dans la Figure 31. Nous pouvons constater que, pour une vitesse de chauffage donnée, plus importante était la durée du plateau de température, plus grande était la perte de masse.

Chapitre 3

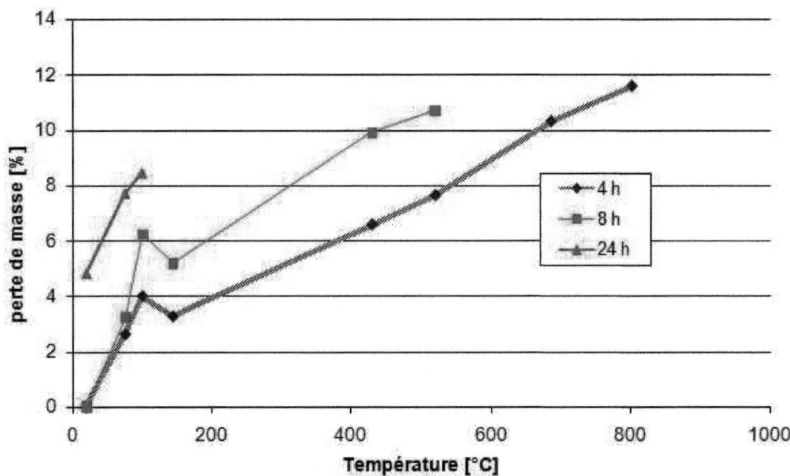

Figure 31. Perte de masse en fonction des plateaux de température

Ceci prouve encore que la perte de masse est un processus qui n'est pas instantané et dépend du temps. En effet, même pour la faible vitesse de chauffage de 0,5°C/min, on a une augmentation des valeurs de perte de masse. En outre, une augmentation de température a induit une augmentation de la valeur résiduelle de la perte de masse. Par exemple, pour la vitesse de 10°C/min et le plateau de température de 145°C, la perte de masse diminue de 3,26 % pendant 4 h, à 5,18 % à 8h pour atteindre 8,45 % après 24 h. Cette augmentation est due au départ de l'eau libre et la déshydratation des CSH. Pour la vitesse de 0.5°C/min et après 24 h de l'application de la température de 76°C, on peut avancer l'hypothèse que la perte de l'eau libre correspond à une perte de masse de 4,79 %. Ainsi, la valeur de la perte de masse de 8,45% obtenu à 10°C/min après 24 heures correspond à la perte de l'eau libre et l'eau chimiquement liée de la décomposition des CSH. La perte de masse due à la déshydratation des CSH peut être alors calculée comme 8,45 - 4,79 = 3,66 %.

En ce qui concerne la décomposition de la portlandite à la température de 521°C, on a une valeur de perte de masse égale à 10,69 % après 8h. L'essai ATD/ATG à l'équilibre (0,2°C/min comme vitesse de chauffage et E/C = 0,272) donne une perte de masse de 13,14 % à 550°C (la fin de déshydroxylation de la portlandite). Ce qui implique que nous avons besoin de plus de temps. Ceci est en accord avec la même observation faite dans le cas de la perte de masse pour le palier de température de 600°C (chapitre 2), où la perte de masse continue à se produire, même après 10 heures. La même remarque peut être avancée pour la température 802°C, correspondant au pic de décarbonatation du carbonate de calcium pour la vitesse de 10°C/min. Nous résumons dans le Tableau 8 les valeurs de perte de masse en fonction des plateaux de température.

Vitesse de chauffage	Plateau de Température (°C)	Durée des plateaux	Perte de masse [%]
0.5°C/min	76	4h	2,65
		8h	3,24
		24h	4,79
	101	4h	4,01
		8h	6,24
		24h	7,7
10°C/min	145	4h	3,29
		8h	5,18
		24h	8,45
5°C/min	431	4h	6,6
		8h	9,88
	521	4h	7,65
		8h	10,69
	686	4h	10.31
	802	4h	11,59

Tableau 8. Perte de masse pour différentes vitesses de chauffage et plateaux de températures

II-3 Propriétés mécaniques résiduelles

Lors des tests de compression (taux de chargement est de 1KN/s), les résultats de ces essais (courbes contrainte-déformation) ont été enregistrés en utilisant un système d'acquisition de données assisté par ordinateur. Les résultats de la résistance à la compression résiduelle et le module de Young résiduel correspondant des éprouvettes de mortiers sont présentés dans le Tableau 9.

De ce tableau, il est clair que, pour une vitesse de chauffage donnée, les valeurs résiduelles des propriétés mécaniques (résistance à la compression et le module de Young) diminuent avec une augmentation de la température du plateau. En outre, nous pouvons remarquer que, pour une température donnée, une augmentation de la durée du plateau va induire une diminution des propriétés mécaniques résiduelles. La diminution de ces deux propriétées résiduelles est assez importante à 431°C et à 521°C. La résistance à la compression décroît de la valeur de 41,97 MPa à 20°C à la valeur 22,93 MPa obtenue au bout de 4 heures de chauffage à 431°C. La baisse est plus importante pour le plateau de température 521.2°C où cette résistance résiduelle diminue pour atteindre la valeur de 12,58 MPa. Par conséquent, le module d'élasticité résiduel a largement été réduit pour ces deux températures. En effet il est égal à 7,77 GPa après 4 heures de chauffage à 431°C et à 2,93 GPa à 521°C pour la vitesse de chauffage 5°C/min. À titre d'illustration, on représente sur la Figure 32 la résistance à la compression résiduelle et le module d'Young résiduels pour différents plateaux de température.

	Température (°C)	Résistance à la compression résiduelle (MPa)			Module d'Young résiduel (GPa)		
	20	41.97			17.12		
0,5°C/min		4h	8h	24h	4h	8h	24h
	76	36.94	33.50	30.57	16.22	15.59	15.41
	101	35.64	31.04	23.22	15.84	15.02	13.92
10°C/min	145	39.16	37.06	34.62	15.73	12.14	11.09
5°C/min	431	22.93	20.38		7.77	6.15	
	521	12.58	8.35		2.93	1.86	

Tableau 9. Résistance à la compression résiduelle et Module d'Young résiduel pour différentes vitesses de chauffage et différents plateaux

Comme nous pouvons le voir, nous avons une forme similaire pour les différents paliers de température avec une augmentation des valeurs de la résistance à la compression dans la gamme de température [101°C ... 145°C]. Cette augmentation peut être due à la libération de toute l'eau libre qui induit une nouvelle augmentation des forces d'attraction par le rapprochement des feuilles de CSH.

En outre, les modules d'élasticité résiduels des échantillons de mortier sont présentés dans le deuxième graphe de la figure 11. L'endommagement résultant des hautes températures sur le module de Young était plus important en comparaison avec son effet sur la résistance à la compression. Tous les spécimens ont subi un endommagement considérable. En effet, pour palier de température 521°C et une durée égale à 8h, le module d'élasticité est égal à 1.86 GPa correspondant à une perte de 90% de la valeur initiale à la température ambiante. La valeur de la résistance à la compression résiduelle est égale à 8.35 MPa ce qui correspond à une perte de 80% par rapport à sa valeur initiale avant traitement thermique.

La diminution des propriétés mécaniques résiduelles peut s'expliquer par les différentes réactions qui se produisent quand un mortier de béton est soumis à un cycle de chauffage - refroidissement. En effet, nous devons prendre en compte que les plateaux de température correspondent aux températures des réactions obtenues à partir des essais ATD/ATG. Dépendant de la température du plateau atteint, cette baisse est due à la déshydratation des CSH et la déshydroxylation de la portlandite. Ces réactions endommagent la microstructure du ciment et conduisent à une diminution importante de la valeur de la résistance à la compression résiduelle et de la valeur du module d'Young résiduel. En outre, cette diminution est due à la différence de dilatation thermique entre les particules de sable et la pâte de ciment.

Cette baisse va entraîner des dommages importants sur nos spécimens de mortier de béton. Cet endommagement continue à se produire dans la phase refroidissement. En effet, au cours de la conservation des éprouvettes dans les sacs plastiques après le traitement thermique, et

Chapitre 3

avant l'essai de résistance à la compression, nous avons noté plusieurs macro- fissures sur les échantillons chauffés à 686°C et 802°C à l'intérieur de leur feuille de plastique comme le montre la Figure 33.

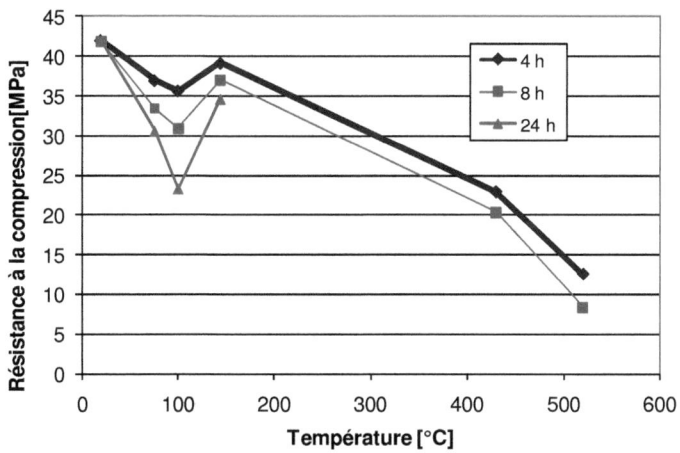

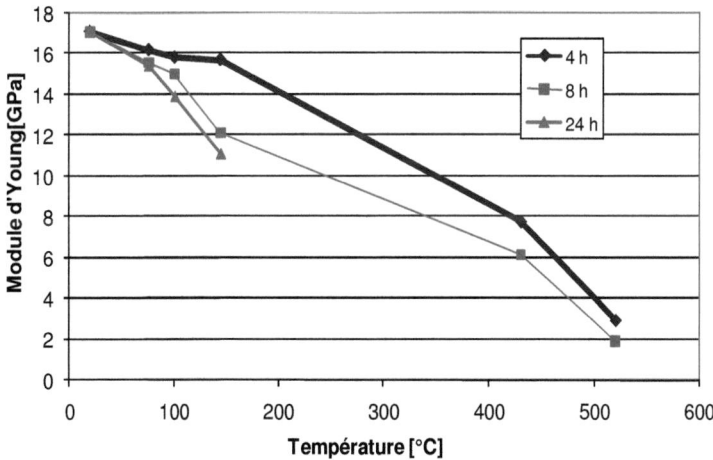

Figure 32 Résistance à la compression résiduelle et module d'Young résiduel fonction des plateaux de températures

Chapitre 3

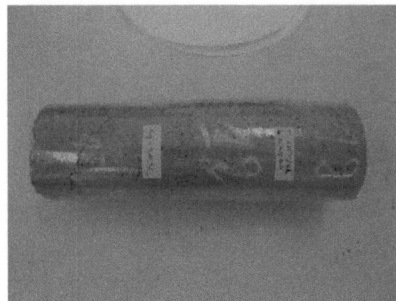 

Figure 33. Eprouvettes écaillées avant l'essai d'écrasement à la presse hydraulique : (a) éprouvette chauffée à 686°C durant 4heures / (b) éprouvette chauffée à 802.1°C durant 4 heures.

Ces macro-fissures témoignent de la dégradation importante subie par le mortier au cours de la phase de chauffage avec l'apparition d'une fissuration abondante *(due à la déshydratation des C-S-H ; la décomposition de la portlandite et la décarbonatation des $CaCO_3$)* accompagnée, dans la partie refroidissement, par une expansion en volume du béton due à la formation d'une nouvelle portlandite à partir de la chaux et de l'eau. Cette expansion est importante vu l'endommagement important qu'a subi le mortier au cours du chauffage et la longue période de conservation dans l'emballage. Cela montre l'importance de faire des tests très rapidement après le cycle de chauffage-refroidissement. Ceci est en accord avec les observations faites par Ruiz et al. (2005) où les auteurs ont démontré que le second pic correspondant à la déshydroxylation de la portlandite ne disparaît pas totalement, même pour le traitement thermique préalable de 800°C. Cela est dû à une recristallisation de la partie amorphe de la portlandite (Ruiz et al., 2005).

III. Conclusion

Des éprouvettes cylindriques de mortier de diamètre 10 cm et d'un élancement égal à 3, ont été chauffées à trois vitesses de chauffage :0,5°C/min; 5°C/min et 10°C/min pour atteindre les plateaux de température 76°C, 101°C, 145°C, 431°C, 521°C, 686°C et 802°C maintenus constants pendant plusieurs heures (4h, 8h et 24 h). Ces essais ont été suivis par des tests de compression afin de comparer les propriétés mécaniques résiduelles : résistance à la compression et module d'Young.
En outre, la mesure de la perte de masse résiduelle a permis de connaître la quantité d'eau perdue par les échantillons du mortier testé. L'analyse des courbes a permis de distinguer trois phases concernant la perte de masse. La première phase, commençant de 20°C jusqu'à 100°C, où cette perte de masse est liée essentiellement au départ de l'eau libre. Entre 100°C et 400°C, nous observons une accélération de la perte de masse due à la déshydratation des C-S-H. Au-delà de 400°C, la perte de masse est associée à la décomposition de la portlandite.

Les essais de compression ont montré que la résistance résiduelle à la compression et le module d'élasticité résiduel de ce mortier diminuent en fonction de la température pour atteindre des valeurs très faibles au voisinage de 800°C. Ceci s'explique par les différents phénomènes qui se produisent dans la partie chauffage et la partie refroidissement. En effet, dépendant de la température à laquelle est arrivée le chauffage, cette diminution de la résistance à la compression et du module d'élasticité est due :

Chapitre 3

- dans la partie chauffage, à la déshydratation des C-S-H, à la décomposition de la portlandite et à l'endommagement par la fissuration à cause de la différence de la dilatation thermique entre la pâte et les granulats.
- dans la partie refroidissement, à la formation d'une nouvelle portlandite formé à partir de la chaux CaO *(un produit de la déshydratation)* avec l'eau présente dans l'environnement selon la réaction suivante : $CaO + H_2O = Ca(OH)_2$. La nouvelle portlandite ainsi formée est accompagnée d'une expansion en volume induisant ainsi une fissuration supplémentaire qui entraîne une diminution des valeurs de la résistance en compression et du module d'élasticité.

Chapitre 4 Effets d'un cycle de chauffage-refroidissement sur la déformation élastique et le module d'Young correspondant du béton à haute performance et du béton ordinaire

I. Introduction

Plusieurs recherches étudiant les effets de hautes températures sur les propriétés thermiques et mécaniques du béton ont été rapportées dans le dernier demi-siècle (Harmathy and Allen, 1973 ; Labani and Sullivan 1974 ; Harada et al, 1972 ; Franssen, 1987 ; Schneider, 1998; Dias et al., 1990 ; Bažant and Kaplan, 1996; Heinfling,1998; Gross 1973 ; Hager , 2004; Xiao and Konig, 2004). En effet, la déformation élastique et particulièrement la variation du module d'Young lors d'un chauffage uniforme est d'une grande importance pour déterminer l'endommagement thermique du béton et ensuite, la bonne évaluation de la performance des structures en béton.

Il est bien connu que l'évolution du module d'Young est le résultat de nombreux facteurs tels que sa valeur initiale, la vitesse de chauffage, les températures maximales, la teneur en eau et le type d'agrégat. En effet, la rupture des liaisons dans la microstructure de la pâte de ciment, qui est causée par l'augmentation de température, se traduit par une réduction du module de Young et cette réduction continue à se produire dans la phase de refroidissement.

En outre, l'incompatibilité thermique entre les agrégats et la pâte de ciment dans la phase de chauffage et la phase de refroidissement induit une diminution de la valeur du module d'Young.
Dans des travaux antérieurs (Sabeur, 2011), modélisant le comportement du béton à haute température, on a prouvé la nécessité de connaître l'évolution de la déformation élastique et celle du module d'Young pendant la phase de refroidissement. En effet, dans (Hager, 2004 ; Sabeur et al., 2008 et Sabeur, 2011), les résultats expérimentaux ont montré que la déformation du fluage transitoire et la déformation thermique libre (Hager, 2004) continuent à se produire dans la phase de refroidissement et ne dépendent pas de la température atteinte.
L'évolution du fluage thermique transitoire ε_{tc} est obtenue en soustrayant la déformation thermique ε_{th} et la déformation élastique ε_e de la déformation totale ε :

$$\varepsilon_{tc}(T) = \varepsilon(T) - \varepsilon_{th}(T) - \varepsilon_e(T) \qquad (74)$$

En outre, l'évolution de l'endommagement thermique d_{tc} est une fonction du module d'Young E selon l'équation suivante :

$$d_{tc} = 1 - \frac{E(T)}{E} \qquad (75)$$

Ainsi, connaître les variations de la déformation élastique et le module de Young dans la phase de chauffage et dans la phase de refroidissement est d'un grand intérêt lors de la détermination de (a) la dégradation thermique du béton sous n'importe quel type de condition (service et accidentelle) et (b) la performance des structures en béton afin de concevoir une structure en béton durable. Cela nécessite une modélisation robuste de tous les processus impliquant la variation de la déformation élastique et celle du module de Young. Néanmoins,

Chapitre 4

dans la littérature, certains chercheurs se sont intéressés à l'étude de ces variations au cours de la partie de chauffage (Labani and Sullivan , 1974 , Harada et al, 1972, Franssen, 1987, Schneider, 1998, Dias et al., 1990 ; Gross 1973, Hager , 2004, Xiao and Konig , 2004) et d'autres se sont intéressés aux variations résiduelles (Chang et al., 2006 ; Luigi et al., 2008 ; Ghan et al, 1999). Dans toutes ces recherches, les courbes de contrainte/déformation ont été utilisées pour estimer indirectement la déformation élastique.

On présente ici une nouvelle méthode expérimentale pour déterminer la variation de la déformation élastique et le module de Young du béton ordinaire (BO) et du béton à hautes performances (BHP) pendant un cycle de chauffage- refroidissement sous des conditions accidentelles et de service. Le présent travail analyse les différences entre la valeur de la déformation élastique et le module d'Young à différents moments; au début de l'essai (à température ambiante), à la fin des plateaux de températures: 150°C, 200°C, 300°C et 400°C pour le béton à haute performance sous conditions accidentelles (CA) et 140°C, 190°C et 220°C pour les bétons à haute performance et ordinaire sous conditions de service (CS), et à la fin de la partie de refroidissement de chaque variation.

En outre, l'influence de la vitesse de chauffage sur la variation de la déformation élastique et le module d' Young correspondant, pour les deux types de bétons sous CA et CS sont d'un grand intérêt.

Deux types de béton ont été testés: un béton ordinaire (BO) et un béton à haute performance (BHP). Sous conditions accidentelles, trois spécimens de BHP ont été testés. Sous conditions de service, trois spécimens du BO et deux spécimens de BHP ont été testés. Sous les deux conditions, cinq cylindres normalisés ont également été coulées pour calculer la résistance à la compression. La composition des deux types de béton est donnée par le Tableau 10.

Constituants	*Quantité [Kg/m³]*	*Agrégats /ciment*	*Eau/Ciment*	*fc [Mpa]*
BO : béton ordianire		4.8	0.5	35
Ciment CEM II/A-LL 32.5	350			
Sable de Seine 0/4	672			
Gravillon silico-calcaire 5/20 mm	1008			
Eau	175			
BHP: béton à hautes performance		5.1	0.3	100
Ciment CEM I 52.5	377			
Sable de seine 0/4	432			
Sable du Boulonnais 0/5'	439			
Gravillon de Boulonnais 5/12.5	488			
Gravillon de Boulonnais 12.5/20	561			
fumée de silice	37.8			
Superplastifiant Résine GT	12.5			
Retardateur Chrysotard	2.6			
Eau	124			

Tableau 10. Composition des bétons étudiés

II. Procédure expérimentale

Les échantillons ont été préparés de manière appropriée (Sabeur et Colina, 2006 ; Sabeur et Colina, 2012) et ont été placés dans la presse. La charge constante appliquée est égale à 20 % de la résistance à la compression des bétons: 7MPa et 20 MPa, ont donc été appliquées aux échantillons du BO et du BHP respectivement. Sous conditions de service, les échantillons ont été chauffés à une vitesse constante de 0,1°C/min jusqu'à des plateaux de températures de l'ordre de 140°C, 190°C et 220°C maintenus constants pendant plusieurs heures afin d'assurer la stabilisation des températures internes, la perte de masse et autres processus physico-chimiques. Sous conditions accidentelles, les échantillons ont été chauffés à la vitesse de 1,5°C/min pour atteindre les plateaux de températures (155°C, 200°C, 310°C, 400°C) maintenus constants pendant 24 heures. Après le dernier plateau de température, le dispositif de chauffe a été éteint et les échantillons refroidissent à l'air libre. Dans tous les essais, la déformation élastique est instantanément enregistrée à la température ambiante lors du chargement de l'échantillon. Ensuite, la déformation élastique a également été mesurée "chaud" à la fin de chaque palier de température à l'aide d'un cycle de charge-décharge chargement quasi-instantanée (avec une durée de moins de 2 minutes).

La déformation élastique "résiduelle" est obtenue à la fin de l'essai en déchargeant les échantillons à froid. La détermination des déformations élastiques lors de cette compagne expérimentale a permis d'estimer l'évolution du module d'Young avec la température sous les deux conditions.

Les détails de nos tests réalisés au cours de cette compagne expérimentales sous conditions accidentelles et de service sont donnés par le Tableau 11.

III. Résultats et discussion

Les résultats des tests présentés ici s'intéressent à l'évolution de la déformation élastique et celle du module d'Young sous conditions de service et accidentelles pour le BHP et seulement sous conditions de service pour le BO.

La température moyenne de référence de l'éprouvette, donnée par la moyenne pondérée suivante:

$$T_{réf} = T_{ms} - \frac{2}{3}(T_{ms} - T_a) = (T_{ms} + 2T_a)/3 \qquad (76)$$

Où T_{ms} est la température moyenne près de la surface extérieure de l'éprouvette, donnée par la moyenne pondérée suivante:

$$T_{ms} = (T_1 + 2T_3 + T_5)/4 \qquad (77)$$

Et T_a est la température moyenne près de l'axe de l'éprouvette:

$$T_a = (T_2 + T_4)/2 \qquad (78)$$

T_j, $j = [1...5]$ se réfère au nombre du thermocouple placé dans le spécimen

Spécimen	Mix	Type de conditions	Age en jours :	Perte de masse	Résistance à la compression [MPa]	$T_{réf}$ (°C)
BO1	BO	service	91	1.6%	35	185 203
BO2	BO	service	93	1.49%	35	139 190 220
BO3	BO	service	71	1.78%	39	140 198 220
BHP1	BHP	service	103	0.62%	100	140 194 219
BHP2	BHP	service	126	0.64%	100	142 196 219
BHP3	BHP	accidentel	253	0.22%	95	158 203 311 407
BHP4	BHP	accidentel	231	0.22%	107	159 207 318 417
BHP5	BHP	accidentel	334	0.20%	100	160 208 315 400

Tableau 11. Détails des essais réalisés sur les spécimens 16*64 cm² du BHP et du BO sous conditions accidentelles et de service

Il est à noter que la température de 220°C, atteinte sous conditions de service, était la température de référence moyenne maximale Tref atteinte à l'intérieur du béton, correspondant à la puissance de chauffage maximale des colliers chauffants. En vue d'atteindre une plus grande température sous conditions accidentelles, les colliers chauffants ont été remplacés par d'autres, ce qui a permis d'atteindre une température maximale moyenne de 400°C.

La déformation élastique est donnée par la valeur moyenne mesurée par les trois capteurs de déplacements. Pour différents types de béton et sous les deux conditions de service et accidentelles, les cycles de chauffage- refroidissement sont à étudier. La déformation élastique a été mesurée à divers moments du procédé expérimental et plus particulièrement à la fin des paliers de températures où elle est représentée par des pics sur la courbe de déformation. Ces «pics» ont été déterminés au cours du processus comme suit : avant la fin du palier de température, nous déchargeons le spécimen en éliminant la charge appliquée par la presse et puis nous rechargeons notre échantillon. Le concept de la déformation élastique est contrôlé par le fait que la déformation mesurée revient à sa valeur initiale avant le déchargement. Ceci montre que, pour la phase de température correspondante, la déformation élastique est réversible. Il est à souligner ici que nous mesurons la déformation élastique "à chaud" à la température correspondante. Ceci diffère des méthodes expérimentales utilisées dans la littérature où la déformation élastique est déduite des courbes contrainte-déformation et n'est pas déterminée directement.

III-1 Variation de la déformation élastique au cours du cycle de chauffage-refroidissement

Les résultats des essais des spécimens en BHP sous conditions accidentelles et services sont présentés ici. Les évolutions de la déformation élastique pour les trois échantillons de béton à haute performance (BHP 3-5) en fonction de la température sous conditions accidentelles sont présentés sur la Figure 34. Il est important de noter que la température est à peu près uniforme à l'intérieur de nos spécimens. Les déformations élastiques ont été mesurées à différents moments du processus: au début de l'essai, à la fin de chaque palier de température et à la fin de l'essai en déchargeant les échantillons à froid (déformation élastique «résiduelle»).

Il est à tenir compte de la méthode utilisée ici pour mesurer la déformation élastique où celle-ci est mesurée directement durant le cycle de chauffage refroidissement à différents stade de ce cycle et principalement à la fin des paliers de températures. Dans d'autres essais (Schneider, 1988; Dias et al, 1990; Hager, 2004; Xiao et Konig, 2004), les courbes de contrainte/déformation sont utilisées pour estimer indirectement la déformation élastique ce qui confirme l'originalité de la méthode expérimentale. En outre, les valeurs de la déformation élastique sont mesurées après la stabilisation des différents processus physico-chimiques au sein de la pâte de ciment.

La représentation des trois spécimens dans un même graphique (Figure 34) montre la répétitivité de la méthode et la reproductibilité du phénomène. En effet, pour le même degré de chargement et les mêmes paliers de température, nous avons un comportement similaire de nos trois spécimens avec des valeurs comparables des déformations dans la partie de chauffage et de refroidissement. A la fin de la phase de chauffage, le BHP 4 a une valeur de déformation élastique plus importante que pour tous les autres. Cependant, à la fin de la phase de refroidissement, tous les bétons ont des valeurs similaires. Par rapport à leurs valeurs initiales, les déformations élastiques à la fin de la phase de refroidissement ont presque triplé. La Figure 34 montre que, pendant la phase de chauffage, la déformation élastique varie avec la température.

Chapitre 4

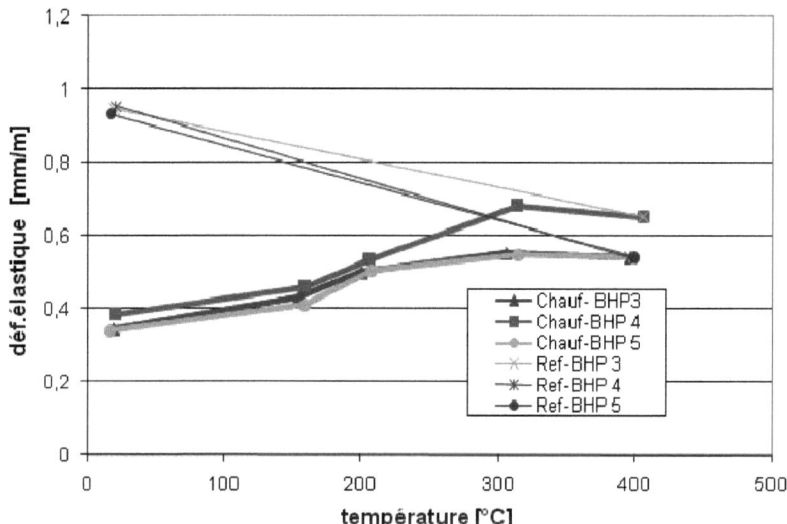

Figure 34. Déformation élastique pour BHP 3-5 sous conditions accidentelles (cycle chauffage-refroidissement)

La valeur importante de la déformation élastique obtenue lors du déchargement à la fin de la partie de refroidissement montre bien que la déformation élastique est irréversible. L'absence de la déformation thermique transitoire pendant la phase de refroidissement cause un retrait important et les granulats qui se dilatent ne sont plus relaxés par son effet ce qui induit une valeur plus grande pour la déformation élastique «résiduelle» à la fin du cycle.

La Figure 35 traite le cas des conditions de service pour le béton à haute performance, où les évolutions de la déformation élastique des échantillons BHP1 et BHP2 sont présentés. Cette figure montre que les valeurs de la déformation élastique sont très proches. Sous ces conditions, la déformation élastique à la fin de la phase de refroidissement a presque doublé.

Afin d'étudier le rôle de la vitesse de chauffage (et puis le type de conditions) sur l'évolution de la déformation élastique (Figure 36), les valeurs moyennes de la déformation élastique des trois échantillons BHP (3-5) sont comparées avec celles des deux échantillons BHP1 et 2 sous la même charge. Les valeurs de la déformation élastique sont très proches, il semble alors que le type de condition n'a pas une grande influence sur la variation de la déformation élastique dans cette gamme de température. En outre, à partir de cette figure, nous pouvons constater un parallélisme entre les deux parties linéaires de la phase refroidissement correspondant aux deux vitesses de chauffage avec une différence égale à 0,3 mm/m à 20°C (fin de la partie de refroidissement). Cette différence semble donc être constante dans la phase de refroidissement.

Malgré que la température à la fin de la partie de chauffage est différente, la vitesse de chauffage, qui ne semble pas avoir d'influence dans la partie de chauffage jusqu'à la température de 220°C, suggère un même comportement dans la partie refroidissement. En effet, si nous supposons que nous ayons la même température à la fin de la partie de

Chapitre 4

chauffage et la partie de refroidissement pour le BHP sous CA et CS (220°C), la valeur de la déformation élastique sous CA sera proche de celle sous CS.

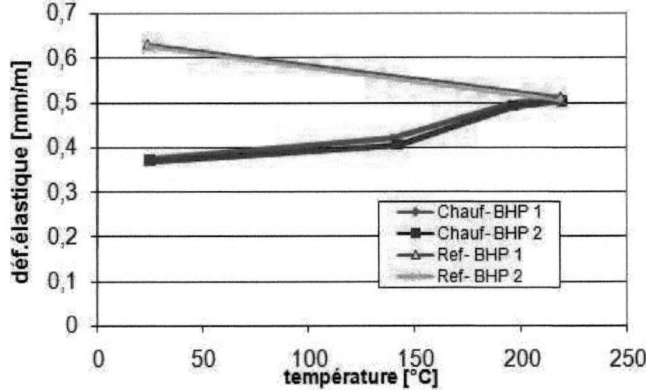

Figure 35. Déformation élastique pour les deux bétons BHP1-2 sous conditions de service (cycle de chauffage refroidissement)

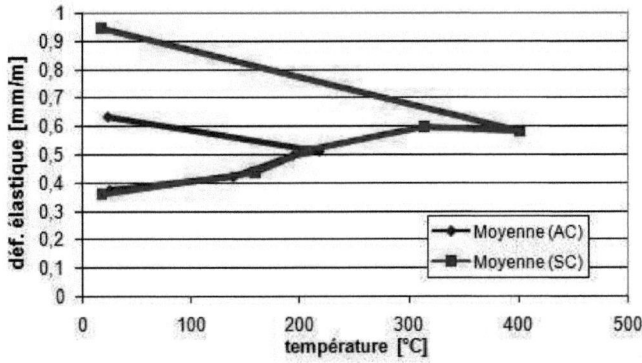

Figure 36. Valeurs moyennes de la déformation élastique pour le BHP sous conditions accidentelles et le BO sous conditions de service (cycle chauffage –refroidissement)

La Figure 37 présente les évolutions de la déformation élastique pour les trois échantillons (BO 1-3) sous les conditions de service. A partir de cette figure, on peut voir un comportement similaire pour les trois spécimens, surtout pour les deux bétons BO2 et BO3, avec des valeurs comparables pour la déformation élastique pour les deux parties chauffage et refroidissement. Pour le BO 1, si la température à la fin de la partie de chauffage était égale à

Chapitre 4

celle des deux autres BO, les valeurs de la déformation élastique pourrait être plus importante pour se rapprocher de celles des bétons BO2 et BO3.

En outre, à partir de cette figure, pour les trois BO, les valeurs de la déformation élastique, à la fin de la partie chauffage et refroidissement sont comparables.
Ce comportement similaire pour le BO et le BHP sous des conditions de service permet de comparer les valeurs moyennes de la variation de la déformation élastique pendant le cycle de chauffage- refroidissement (Figure 38).

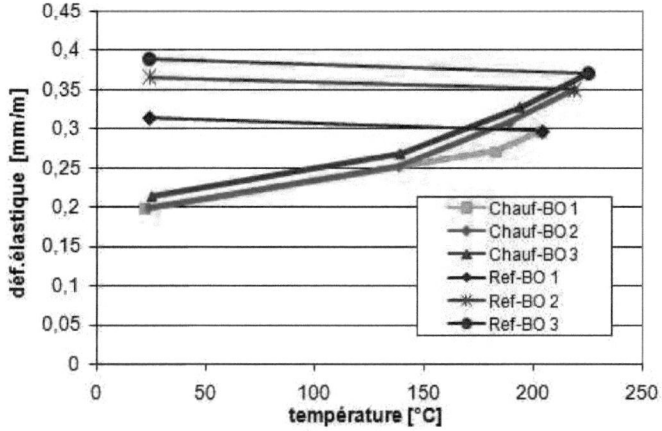

Figure 37. Déformation élastique pour les BO (1-3) sous conditions de service
(cycle chauffage-refroidissement)

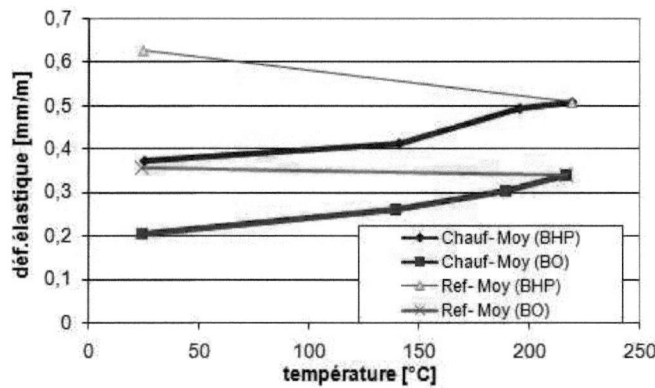

Figure 38. Évolution de la valeur moyenne de la déformation élastique pour le BHP sous conditions accidentelles et le BO sous conditions de service

Chapitre 4

A partir de cette figure, nous pouvons voir que les valeurs de déformation élastique du BHP sont supérieures à celles du BO sous les mêmes conditions. On peut voir également que cette différence, qui reste à peu près constante au cours de la partie de chauffage, augmente à la fin de la partie de refroidissement. Cette différence est égale à 0,7 mm/m à 220°C et à 0,27mm/m à la fin de la partie de refroidissement, ce qui représente une augmentation de 60%. Cette augmentation est due essentiellement à la déformation élastique initiale et aux différences dans la composition des différents mélanges de béton testés. En effet, il y a moins d'eau et plus de composants solides (ciment + gravier + sable) dans le cas du BHP.

III-2 Variation du module de Young lors du cycle chauffage-refroidissement

La détermination des déformations élastiques lors des cycles de chauffage refroidissement permet d'estimer l'évolution du module d'Young avec la température sous les deux conditions de service et accidentelles. Dans tous ces essais, une charge constante égale à 20% de la résistance à la compression des bétons a été appliquée. Les modules de Young peuvent être facilement calculés comme suit :

$$E(T) = \frac{\sigma}{\varepsilon^e(T)} \qquad (79)$$

Les Figure 39 et Figure 40 donnent les évolutions en fonction de la température du module de Young et du module de Young relatif respectivement pour les trois échantillons BHP (3-5) sous les conditions accidentelles.

Comme expliqué plus haut, la présente méthode permet de calculer la déformation élastique directement ce qui permet de calculer le module de Young. A partir des deux dernières figures, la valeur moyenne du module de Young diminue d'environ de 40% de la valeur de $E(T_{20})$ à 400°C ($\frac{E(T)}{E(T_{20})} = 0,6$) et 63% ($\frac{E(T)}{E(T_{20})} = 0,37$) à la fin de la partie de refroidissement.

Lorsque le béton est soumis à de hautes températures, deux phénomènes se produisent au sein du béton : l'expansion des agrégats et la contraction de la pâte de ciment. Au cours de la partie chauffage, une des principales raisons de la diminution des valeurs du module d'Young avec l'augmentation de températures est cette incompatibilité thermique entre la pâte de ciment et les granulats.

En outre, à hautes températures, plusieurs transformations physico-chimiques se produisent au sein du béton induisant des changements importants dans la microstructure de la pâte de ciment. La première transformation importante correspond à la déshydratation du gel CSH. La littérature considère que la décomposition des hydrates commence à 105°C. La deuxième transformation importante est la décomposition de la portlandite, qui a lieu dans la plage de température [400°C ,500° C]. Noter ici que la vitesse de chauffage intervient en modifiant les plages de température qui caractérisent le début et la fin de chaque réaction importante. Dans des travaux antérieurs (Sabeur et al., 2008), pour la même pâte de ciment utilisée dans la composition de tous les BHP de notre procédure expérimentale, les résultats des analyses ATD/ATG ont montré que la gamme des températures de la décomposition de la Portlandite varient entre [360°C, 410° C] et [470°C, 530°C] pour les deux vitesses de chauffage respectives 0,2°C /min et 10°C/min (Figure 41).

Cela confirme la présence de la cinétique chimique et l'existence d'une différence entre la valeur mesurée à l'équilibre et celle mesurée à la température T (t). La raison de l'application

Chapitre 4

de plusieurs plateaux de températures est d'assurer la stabilisation de la température interne et les processus physico-chimiques. Lors de nos tests, la décomposition des hydrates (le cas de (SC) pour le BHP et BO et BHP sous (CA)) et le début de la décomposition de la portlandite (cas du BHP sous (CA)) vont rompre les liens de la microstructure du ciment, ce qui va conduire à une diminution importante de la valeur du module d'Young.

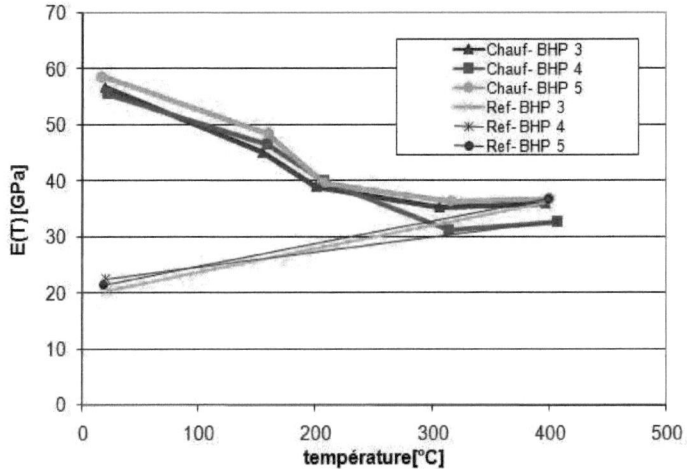

Figure 39. Evolution du Module d'Young pour BHP 3-5 sous conditions accidentelles (cycle chauffage-refroidissement)

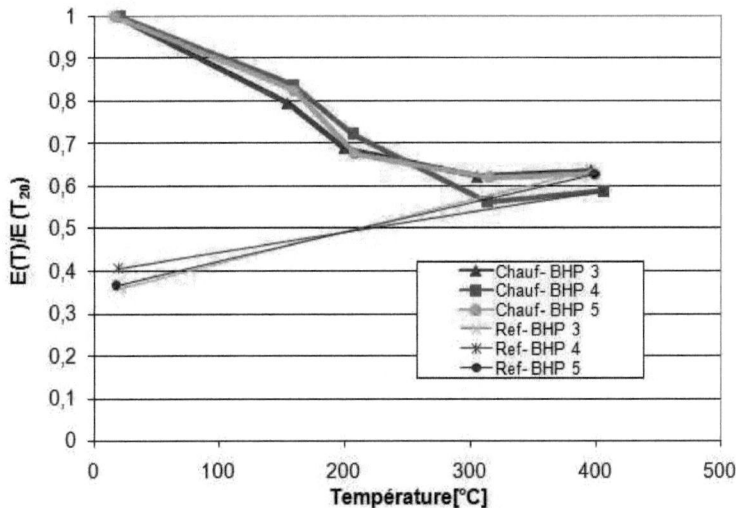

Figure 40. Evolution du Module d'Young relatif pour BHP (3-5) sous conditions accidentelles (cycle chauffage-refroidissement)

Chapitre 4

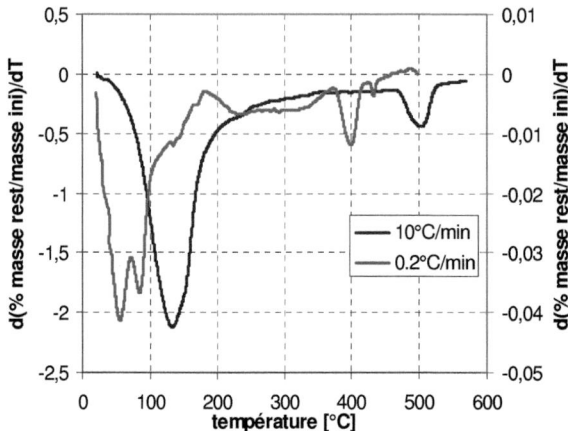

Figure 41. Evolution des courbes DTG des échantillons chauffés à 0.2 et 10°C/min

En ce qui concerne la phase de refroidissement, la diminution de la valeur du module d'Young continue à se produire pour deux raisons principales. La première est l'absence de la déformation du fluage thermique transitoire dans la phase de refroidissement. Cette absence de la déformation du fluage transitoire va induire le développement des micro- fissures au sein de l'échantillon et on peut observer une séparation entre la pâte de ciment et les granulats. Par conséquent, la relaxation des contraintes est absente dans la phase de refroidissement ce qui provoque la détérioration du matériau. Ceci a été observé expérimentalement par une diminution des valeurs du module d'Young dans notre cas. En outre, dans la phase de refroidissement, la chaux CaO (un produit de la déshydratation) lorsqu'il est en contact avec l'air libre et en particulier lorsqu'il est en contact avec des molécules de H_2O va produire une nouvel portlandite selon l'équation suivante:

$CaO + H_2O \,\text{---}\!> Ca(OH)_2$

La nouvelle portlandite formée est accompagnée d'une dilatation de volume, le nouveau volume est plus grand que celui du CaO, ce qui provoque une expansion des microfissures résultant en des valeurs inférieures du module d'Young.

Dans la Figure 42, nous représentons l'évolution du module d'Young pour les deux bétons BHP1 et BHP 2 sous les conditions de service. Sous ces conditions, la valeur moyenne du module de Young diminue d'environ 27% à 220°C et de 41% à la fin de la partie de refroidissement.

La représentation des deux valeurs moyennes de la variation du module de Young au cours du cycle chauffage-refroidissement pour le BHP sous conditions accidentelles et de service sont présentés dans la Figure 43. Sous des conditions de service, le module d'Young est égal à 31,75 GPa à 20°C (la fin de la phase de refroidissement). Sous des conditions accidentelles, la valeur module d'Young est égal à 21,5 GPa. Il s'ensuit qu'une augmentation de 200°C de la température a conduit à une diminution du module de 10 GPa. Pour le BHP, par rapport à la valeur initiale du module d'Young, on a une diminution de 40 % pour une température finale égale à 220°C et de 62% quand cette température est égale à 400°C. Un parallélisme est également noté pour le comportement des deux courbes dans la phase de refroidissement.

Chapitre 4

Cette figure confirme le fait que la vitesse de chauffage n'a pas une grande influence sur la variation du module de Young jusqu'à la température de 220°C avec une valeur de module d'Young égal à 39,2 GPa.

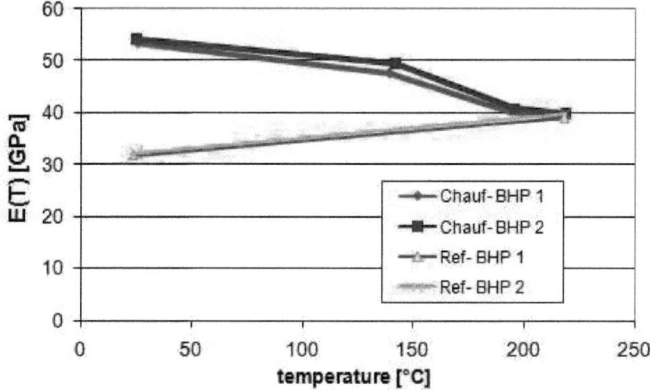

Figure 42. Évolution du module d'Young pour les deux bétons BHP1-2 sous conditions de service (cycle de chauffage refroidissement)

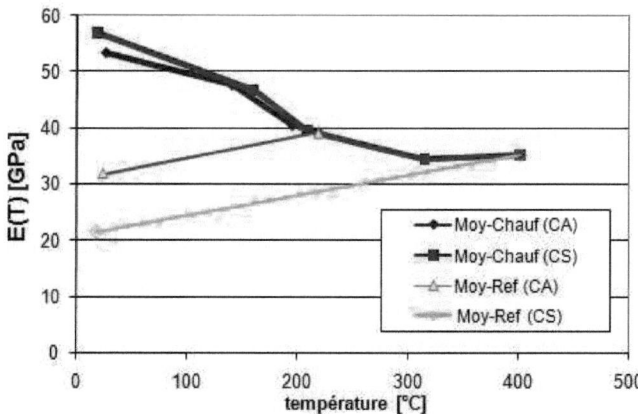

Figure 43. Valeurs moyennes du module d'Young pour le BHP sous conditions accidentelles et le BO sous conditions de service (cycle chauffage –refroidissement)

Le fait que la vitesse de chauffage n'a pas d'influence sur la variation de module d'Young au cours de la phase de chauffage, est prévisible dans nos expériences. En effet, un chauffage plus rapide va induire des contraintes plus importantes au sein du béton causées par: l'incompatibilité thermique entre la pâte de ciment et les agrégats ainsi que l'augmentation de la pression de la vapeur d'eau. Ceci va entrainer un plus grand endommagement de la

Chapitre 4

microstructure (Harada et al., 1972). En effet, une cinétique rapide provoque la génération d'un gradient de température entre la zone intérieure, plus froide, et la zone périphérique, exposée à la chaleur. Le gradient de température conduit à un transfert de l'eau sous forme gazeuse à l'intérieur de la pâte de ciment, ce qui provoque une augmentation de la pression de pore dans la partie centrale.

En outre, dans cette gamme de température [20°C-220°C], la décomposition des CSH est la réaction principale lorsque le béton est soumis à de hautes températures. Plus la vitesse de chauffage est élevée, plus la température du début de la décomposition est plus grande. Dans (Sabeur, 2006 et Sabeur et al., 2008), les températures correspondants aux pics sont égales à 85°C et 138 °C pour 0,2°C/min et 10°C/min respectivement (Figure 41). C'est cette différence qui nous a amené à l'application des plateaux de température pendant plusieurs heures pour donner suffisamment de temps pour toutes les réactions physico- chimiques qui se produisent au sein du ciment.

C'est la raison pour laquelle, dans nos expériences, le module d'Young a été mesuré à la fin de chaque plateau de température maintenu pendant plusieurs heures, assurant ainsi la stabilisation de l'ensemble des processus physico-chimiques. En effet, ces plateaux de température permettent de réduire l'effet de la cinétique mentionné précédemment. Cette stabilisation permet alors de minimiser ces contraintes élevées et le rôle de la vitesse de chauffage.

Sur la base de la conclusion qui consiste en une faible influence de la vitesse de chauffage, on peut supposer que, sous conditions accidentelles, si la température de chauffage finale était égale à 220°C, le BHP aura une valeur comparable à celle sous conditions de service. De plus, pour le BHP sous conditions accidentelles, la variation au cours de la partie refroidissement pour le palier de 300°C peut être obtenue en traçant la parallèle à la variation linéaire du module d'Young pour le palier de température égale à 400°C.
Cela signifie que jusqu'à la température de 400°C, nous pouvons faire l'hypothèse que la vitesse de chauffage n'a pas une grande influence sur la variation du module d'Young pour le cycle de chauffage- refroidissement. Cette conclusion nécessite plus d'investigations expérimentales.

La Figure 44 donne la variation du module d'Young pour les trois bétons ordinaires (BO 1-3) sous conditions de service pour le cycle de chauffage refroidissement. La répétitivité de la méthode et la reproductibilité du phénomène pour le cas du béton ordinaire est bien confirmé. Le même comportement pour les trois bétons est à noter avec une petite variation concernant les valeurs du module d'Young entre la fin de la phase de chauffage et la phase refroidissement. En effet, pour le BO 1 à 204°C $E = 23,63\ GPa$ et à 24°C $E = 22,32\ GPa$ ce qui représente une perte de 5.5%. Les valeurs de la déformation élastique, du module d'Young et du module d'Young relatif et les valeurs moyennes correspondantes sont résumées dans le Tableau 12.

Chapitre 4

Spécimen	Type de conditions	$T_{réf}$ (°C) moyenne	Déf élastique	Module d'Young	Module d'Young relatif
BO1	service	22	0.1967	35.6	1
		203	0.2962	23.6	0.66
		24	0.3135	22.3	0.62
BO2	service	24	0.1980	35.3	1
		220	0.3489	20	0.56
		24	0.3651	19.1	0.54
BO3	service	25	0.2130	36.9	1
		225	0.3369	21.3	0.57
		24	0.3885	20.2	0.54
Moyenne BO(1-3)	service	24	0.2025	34.5	1
		216	0.3381	20.7	0.60
		24	0.3557	19.6	0.56
BHP1	service	26	0.3749	53.3	1
		219	0.5102	39.2	0.73
		24	0.6298	31.7	0.59
BHP2	service	25	0.3689	54.2	1
		219	0.5023	39.8	0.73
			0.6220	32.1	0.59
Moyenne BHP (1-2)	service	25	0.3719	53.7	1
		218	0.5063	39.5	0.73
		24	0.62594	31.9	0.59
BHP3	accidentel	19	0.3437	56.7	1
		396	0.5398	36.1	0.63
		21	0.9548	20.4	0.36
BHP4	accidentel	21	0.3846	55.6	1
		406	0.6526	32.7	0.57
		19	0.9489	22.5	0.40
BHP5	accidentel	16	0.3407	58.7	1
		400	0.5414	36.9	0.62
		17	0.9320	21.4	0.36
Moyenne BHP (3-5)	accidentel	19	0.3562	57	1
		401	0.5779	35.2	0.61
		18	0.9452	21.4	0.37

Tableau 12. Déformation élastique et module d'Young relatif à différents paliers de températures pour le BHP et le BO sous conditions accidentelles et de service

Sous conditions de service, l'évolution de la valeur moyenne du module d'Young et la valeur relative correspondante pour les bétons BO et BHP sont représentées respectivement sur la Figure 44 et la Figure 45.

Chapitre 4

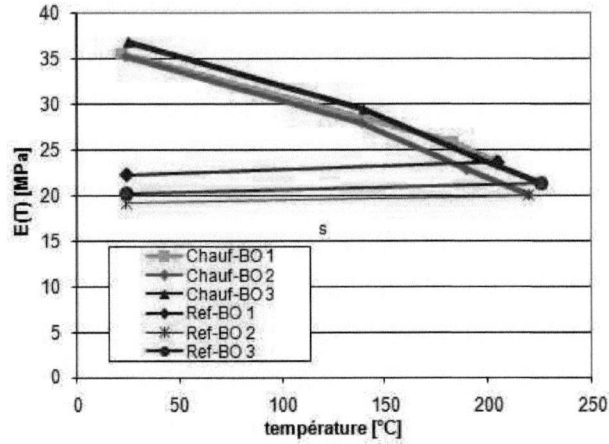

Figure 44. Module d'Young pour les BO (1-3) sous conditions de service (cycle chauffage-refroidissement)

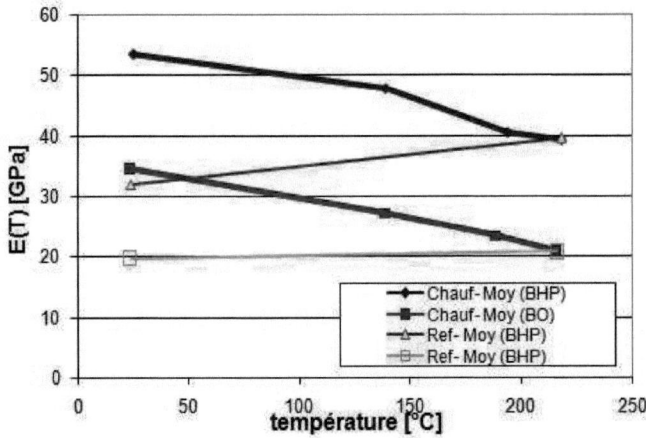

Figure 45. Évolution de la valeur moyenne du module d'Young pour le BHP sous conditions accidentelles et le BO sous conditions de service

Durant la phase de chauffage, la Figure 45 montre une différence qui reste presque constante entre les deux variations. La Figure 46 montre une décroissance linéaire de la variation du module d'Young relatif pour le BHP dans la phase de refroidissement par comparaison avec une légère diminution pour le cas du BO dans la même phase. Ceci a induit à des valeurs similaires du module d'Young relatif pour les deux bétons égales à 0.6 correspondant à une dégradation de l'ordre de 40%. A la fin de la phase de chauffage, le module d'Young relative

Chapitre 4

du BHP décroit pour atteindre une valeur très proche de celle du BO. Ce comportement peut trouver son origine dans les différences entre la composition des deux bétons; dans le cas du BHP il ya moins d'eau et plus de squelette solide (ciment+sable+gravier). L'absence de la déformation du fluage thermique transitoire dans la phase de refroidissement va induire une non relaxation du champ des contraintes et donc plus d'endommagement. La dégradation se traduit expérimentalement par la présence et le développement de micro-fissures dans les spécimens et on observe une séparation entre la pâte de ciment et les agrégats. Cet endommagement est donc plus important quand la masse du squelette solide est plus importante ce qui est le cas du BHP qui a plus de constituants.

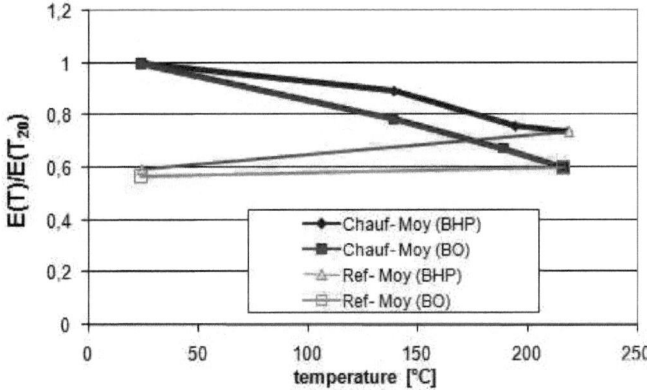

Figure 46. Évolution de la valeur moyenne du module d'Young pour le BHP sous conditions accidentelles et le BO sous conditions de service

IV. Comparaison avec des résultats de la littérature et les codes de calculs

Dans ce paragraphe, cette comparaison s'intéresse à la partie de chauffage car on n'a pas trouvé dans la littérature des résultats concernant la phase de refroidissement. Les recherches s'intéressent principalement au comportement chaud du béton ou à son comportement résiduel après le cycle chauffage refroidissement en étudiant les courbes contraintes déformations afin de déterminer la variation du module d'Young.

IV.1 Comparaison avec les codes de calcul

Afin de mieux étayer nos résultats expérimentaux, nous représentons les valeurs moyennes du module d'Young du BHP et du BO sous conditions accidentelles et de service comparés aux variations donnés par EUROCODE2 et le DTU (document technique unifié). Comme le montre la Figure 47, les valeurs de nos résultats expérimentaux pour les deux types de béton sous les deux conditions sont entre celle de l'Eurocode 2 et le DTU.

Chapitre 4

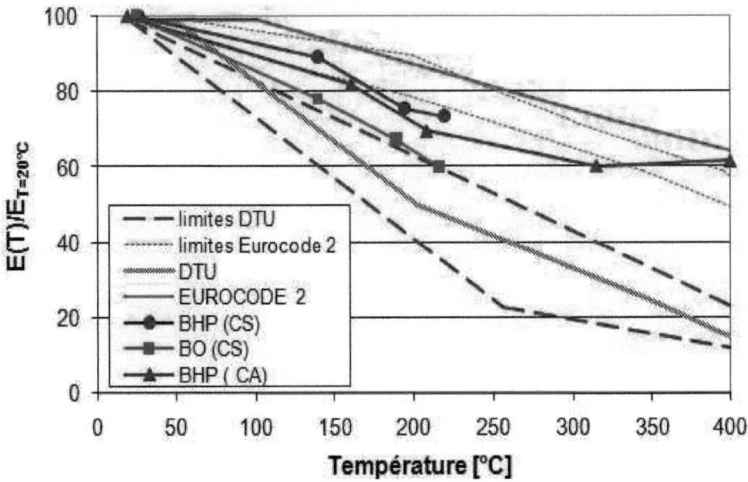

Figure 47. Variations du module d'Young relatif pour le BHP et le BO comparées à celles données par l'Eurocode 2 et le DTU

IV.2 Comparaison avec les résultats de la littérature

La Figure 48 représente la variation du module d'Young normalisé du BHP sous conditions de service et accidentelles comparés à des résultats de la littérature. Le choix des conditions accidentelles tient compte, que dans nos tests, la vitesse de chauffage semble ne pas avoir une influence sur la variation du module d'Young durant la phase de chauffage. En outre, le cas du BHP sous conditions accidentelles, est le cas où nous avons atteint la température maximale de 400°C dans cette compagne expérimentale. C'est l'expérience où nous avons le maximum de résultats à comparer. Dans la littérature, on cherche des spécimens avec des résistances à la compression comparables. On représente la variation du module d'Young de deux BHP du projet national BHP 2000 : M75C and M100C (Hager, 2004) et la variation de trois types de bétons déterminés par Diederichs et al. (1992). Il et à noter que le M100C est le même BHP utilisé dans notre compagne expérimentale.

Comme le montre cette figure, notre BHP sous conditions accidentelles a des valeurs comparables de module de Young relatif par comparaison avec des BHP de compositions comparables: la composition où nous avons la fumée de silice notamment le cas de M100C et le BHP avec fumée de silice (fc = 106 MPa). Ce n'est pas le cas du BHP avec le laitier de haut fourneau ou des cendres volantes où la différence avec notre BHP est beaucoup plus importante. Cela prouve la validité et la pertinence de la méthode expérimentale utilisée dans nos tests où nous avons des valeurs comparables avec une composition similaire.

Chapitre 4

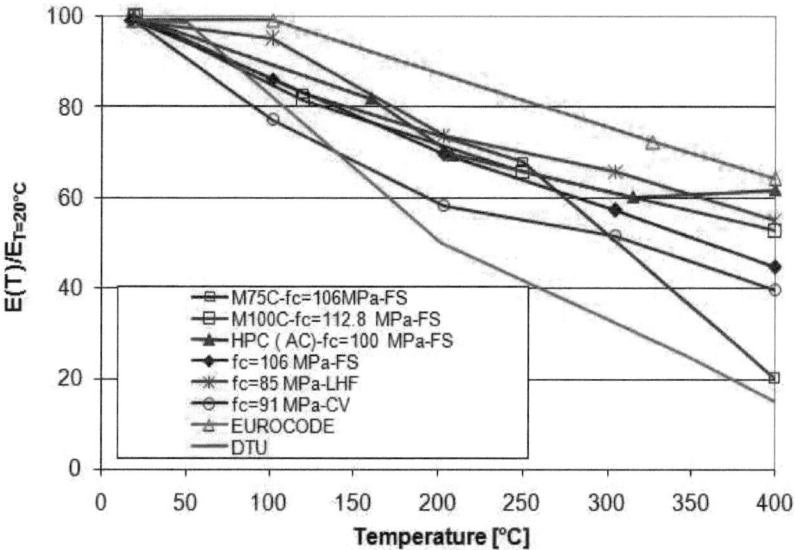

Figure 48. Variation du module d'Young relatif du BHP sous CA comparés à des résultats de la littérature

V. Conclusion

Une méthode expérimentale est présentée ici afin de suivre l'évolution de la déformation élastique lors d'un cycle de chauffage-refroidissement sous des conditions accidentelles et de service pour les BHP et le BO. L'originalité de ce procédé consiste en le fait que la déformation élastique est mesurée directement pendant l'essai principal au début, à la fin de l'essai et en particulier à la fin des plateaux de températures maintenus plusieurs heures.

Ce procédé permet également d'estimer la variation du module de Young dans de telles conditions. Pour tous les bétons sous conditions accidentelles (CA) ou des conditions de service (CS), le comportement expérimental de la déformation élastique en fonction de la température montre que cette déformation est irréversible. Par ailleurs, lors d'un cycle de chauffage refroidissement sous de telles conditions, nous pouvons remarquer une augmentation de la variation de déformation élastique et donc une diminution du module d'Young correspondant. Ce comportement s'explique par les différents phénomènes qui se produisent dans les phases de chauffage et de refroidissement. En fonction de la température atteinte, cette diminution du module de Young est due à :

- Dans la phase de chauffage, à la déshydratation de la CSH, la déshydroxylation de Portlandite, les dommages causés par les micro-fissures dues à l'incompatibilité thermique entre les agrégats et la pâte de ciment qui provoquent la rupture des liaisons de la microstructure de la pâte de ciment.
- Dans la partie de refroidissement, à deux phénomènes importants. Par comparaison aux valeurs des modules de Young à la fin de la partie de chauffage, celles à la fin de

Chapitre 4

la phase de refroidissement ont diminué. La première raison est l'absence de la déformation de fluage transitoire au cours de la phase de refroidissement. Cette absence va induire le développement des micro-fissures dans l'échantillon et l'on peut observer une séparation entre la pâte de ciment et des agrégats: la relaxation du champ de contrainte est absente dans la phase de refroidissement, ce qui provoque un endommagement au sein du matériau observé expérimentalement.

La deuxième raison est la formation d'une nouvelle portlandite composé de la chaux CaO (un produit de déshydratation) et de l'eau qui existe dans le milieu selon la réaction suivante: $CaO + H2O = Ca(OH)2$. La nouvelle portlandite ainsi formée est accompagnée d'une dilatation du volume: le volume de la nouvelle portlandite est supérieur à celui de la CaO ce qui provoque la fissuration induisant des valeurs plus faibles du module d'Young.

En ce qui concerne les différences de comportement entre les deux types de béton sous (AC) et (SC), les conclusions suivantes peuvent être tirées des résultats de nos tests:

- Pour le BHP sous conditions accidentelles, la déformation élastique diminue avec une augmentation de températures jusqu'à la température de 300°C avec une tendance asymptotique dans la gamme de température [300-400°C]. Ceci implique une diminution des valeurs du module d'Young avec une tendance asymptotique dans la même gamme de température. Ce comportement est dû à la perte de la quantité la plus importante de l'eau chimiquement lié aux alentours de 400°C induisant une consolidation du squelette qui devient plus rigide.

- Pour les températures de chauffage inférieure à 220°C, pour le cas du BHP, la vitesse de chauffage 1,5°C/min n'a pas d'importance considérable sur la variation de la déformation élastique (et le module d'Young correspondant). Cela diffère de ce que nous avons dans la littérature: une vitesse de chauffage plus importante induit des valeurs du module d'Young plus faibles. En effet, normalement une vitesse de chauffage importante va induire des contraintes plus élevées. Ces contraintes, résultantes du développement de la pression de la vapeur d'eau au sein des pores et l'incompatibilité thermique entre la pâte de ciment et les granulats, conduisent à un plus grand endommagement de la structure. En effet, les plateaux de températures appliqués durant quelques heures, assurent la stabilisation de tous les processus physico-chimiques (décomposition des CSH, l'incompatibilité ciment-agrégats et la pression de vapeur) ; ce qui réduit considérablement l'endommagement de la structure provoquée par un chauffage rapide. Cette observation semble donc être validée pour des températures de chauffage inférieur à 400°C ; cependant cette hypothèse a besoin d'autres études expérimentales pour être validée.

- Sous conditions de service, le BHP sous charge constante montre des valeurs supérieures de module de Young comparé à celle du BO pendant le cycle de chauffage-refroidissement. Dans la phase de chauffage, la différence semble être constante dans la gamme de températures de [20°C ... 220 °C]. Cette invariance est due à la différence dans la composition initiale de chaque type de béton, ce qui implique des valeurs plus élevées de la déformation élastique initiale du BHP. Dans la phase de refroidissement, le BO montre une légère baisse tandis que le BHP montre une diminution linéaire. Ceci est dû à la différence entre les compositions des bétons testés où nous avons plus de dégradation dans le cas du BHP où le squelette solide est

Chapitre 4

plus important par rapport au BO. Pour cette gamme de température, l'absence de la déformation du fluage thermique transitoire est la raison principale de la diminution des valeurs du module d'Young où l'on peut observer plus de micro-fissures, et donc un endommagement plus important pour les béton avec un squelette solide plus riche en constituants (cas du BHP dans notre cas).

La répétitivité de la méthode expérimentale, qui est la même utilisée pour étudier le comportement du béton ordinaire et le béton à haute température sous conditions accidentelles et de service, est validée. En outre, concernant l'évolution du module d'Young relatif dans la phase de chauffage pour le BHP, comparé aux résultats tirés de la littérature, des valeurs comparables ont été obtenues pour des compositions similaires, ce qui montre la pertinence de la méthode expérimentale utilisée.

Chapitre 5 : Effets des cycles de chauffage-refroidissement sur la déformation thermique transitoire d'un béton ordinaire, à haute résistance et à haute performance

I. Introduction

Le fluage thermique transitoire est la propriété du béton de se déformer de façon très importante lorsqu'il est soumis à une sollicitation mécanique et à une augmentation de la température. La déformation ainsi obtenue est largement supérieure à celle obtenue par la déformation élastique et le fluage propre du matériau (Khoury et al., 1985; Schneider, 1988; Msaad, 2005). En outre, ce phénomène se développe dans la pâte de ciment et les agrégats tendent à le restreindre (Khoury et al., 1985).

Dès les années 20, Lea et Stradling (1922) ont montré que la seule prise en compte dans un calcul du comportement élastique du béton, devrait conduire à la rupture du matériau dès 100°C. Néanmoins, leurs résultats expérimentaux montraient que les bétons testés n'atteignaient pas le seuil de rupture pour des températures allant jusqu'à 300°C (Khoury, 1985).

Ce n'est que 40 ans plus tard que cette apparente contradiction a pu être levée avec la découverte du fluage thermique transitoire. C'est probablement en 1962 que Johansen et Best, cité par Khoury et al (1985), ont reporté l'existence de cette déformation et c'est seulement dans les années 70 que cette déformation commence à être prise en compte comme une composante de la déformation thermique du béton. Plusieurs recherches ont été menées pendant les deux dernières décennies (Schneider, 1988 ; Khoury et al., 1985; Bazant, 1997; Diederichs et al., 1989; Kalifa, 1998; Hager, 2004; Colina, 2000 et 2004; Sabeur & Colina, 2005 et 2006).

Différentes hypothèses ont été avancées afin d'expliquer les mécanismes de cette déformation. Anderberg et Thelandersson (1973) considèrent que la composante de fluage thermique transitoire représente l'effet de la contrainte appliquée sur la déformation thermique du béton et introduisent donc le concept d'interaction thermo-mécanique.

Khoury & al (1985) considère que le fluage thermique transitoire résulte d'une relaxation et d'une distribution des contraintes thermiques. A l'échelle du matériau, cette déformation atténue les incompatibilités entre le retrait de la matrice cimentaire (après 100°C) et l'expansion thermique des granulats aidant ainsi à éviter l'endommagement excessif du béton.

Bazant & Kaplan (1996) expliquent le fluage thermique transitoire comme étant uniquement du fluage de dessiccation. Selon Schneider (1982) cité par Nechnech (2000), ce phénomène peut être expliqué par l'activation du processus du fluage propre par la température en raison du départ de l'eau inter-feuillet du gel C-S-H.

Gawin et al (2004) considèrent que le fluage thermique transitoire est lié à l'endommagement thermo-chimique qui se produit dans la pâte de ciment et les micros fissures induites pendant le chauffage.

Dans le même sens, Mounajed (2004) explique ce phénomène par de l'endommagement mécanique induit par l'incompatibilité entre la pâte et le granulat. Cette endommagement diminue la rigidité du matériau et donne lieu, sous contrainte, à cette déformation additionnelle laquelle ne devrait pas être qualifiée de fluage. Cependant, il est à noter que le mécanisme de fluage thermique transitoire a également été mis en évidence sur des pâtes de ciment (Hager 2004). La seule incompatibilité pâte granulat ne permet donc pas d'expliquer ce phénomène.

Chapitre 5

En outre, Colina et Sercombe (2004) avancent l'hypothèse que le fluage thermique transitoire est lié aux phénomènes irréversibles qui sont mobilisés par la montée en température dont les transformations physico-chimiques et changements micro-structuraux. Cette hypothèse est basée sur le fait que le phénomène n'est pas réversible pendant un cycle de chauffage refroidissement. En outre, le processus ne se réamorce lors d'un nouveau cycle de chauffage que dans le cas où la température dépasse la température maximale atteinte au cours du premier cycle.

Dans ce travail de recherche, une étude expérimentale a été réalisée pour déterminer la variation du fluage thermique transitoire du béton ordinaire (BO), du béton à haute résistance (BHR) et du béton à haute performance (BHP) au cours d'un cycle de chauffage-refroidissement sous des conditions de service et des conditions accidentelles. Le présent travail analyse les différences entre les valeurs de la déformation thermique transitoire à la fin des plateaux de température successifs égaux à: 150°C, 200°C, 300°C et 400°C pour le béton à hautes performances sous conditions accidentelles (CA), et 140°C, 190°C et 220°C sous conditions de service (CS) pour les trois types de béton. Après au moins une semaine dans des conditions ambiantes, certains spécimens ont été soumis à un second cycle de chauffage-refroidissement.

En outre, l'influence de la vitesse de chauffage sur les variations de la déformation de fluage thermique transitoire du béton à haute performance sous CA et CS sont d'un grand intérêt.

II. Processus d'essai et dispositif expérimental

II-1 Matériaux et dispositif expérimental

Pour atteindre les objectifs mentionnés ci-dessus, un programme expérimental a été entrepris sur des échantillons réalisés avec trois différents types de béton : béton à haute résistance béton ordinaire et béton haute performance sous des conditions de service et des conditions accidentelles.

Les recommandations de la RILEM (1998) concernant la déformation thermique transitoire sous conditions de service et des conditions accidentelles ont été suivies pour la conception des tests.

Afin d'obtenir une répartition uniforme de la température à l'intérieur des échantillons, les essais ont été réalisés sur des cylindres creux. Par ce moyen, ils ont été chauffés, non seulement à partir des surfaces extérieures, supérieure et inférieure, mais également à partir de la partie interne (Sabeur & Colina, 2006; 2012; 2014), de telle sorte que les gradients de température à l'intérieur du matériau ont été limitées. Un élancement (rapport longueur/diamètre) de 4 a été choisi afin d'éliminer les effets de bord et mesurer le déplacement longitudinal avec une grande précision. Les dimensions de l'échantillon sont égales à 160 mm pour le diamètre extérieur, 30 mm pour diamètre intérieur et 640 mm pour la longueur. L'évolution de la température à l'intérieur du matériau a été suivie par 5 thermocouples, distribués en suivant encore une fois les recommandations de la RILEM (1998) (Figure 49).

Une charge constante égale à 20% de la résistance à la compression des bétons, a été appliquée à l'aide des deux plateaux d'une presse chauffante. Deux vitesses moyennes de chauffage ont été appliquées: la première égale à 0,1°C/min correspondante à des conditions de service et la seconde appliqué à 1,5°C/min correspondant à des conditions accidentelles. Les mesures les plus importantes à réaliser dans ce type d'essai sont celles des variations au cours du temps de la longueur de l'éprouvette et des températures à l'intérieur du béton.

Chapitre 5

Pour les variations de la longueur, nous avons pris comme base de mesure 300 mm, donnée par la distance entre deux sections perpendiculaires à l'axe et situées à 170 mm de chaque extrémité de l'éprouvette, Figure 49. Les valeurs des variations de cette distance pendant l'essai sont alors déterminées à l'aide d'un extensomètre, spécialement conçu pour l'essai : les deux anneaux qui supportent les instruments de mesure, se fixent à l'éprouvette par des vis pointeaux selon la direction du rayon, en formant un angle de 120° entre eux, ce qui permet d'utiliser trois capteurs de déplacement de type LVDT sur des axes verticaux séparés du même angle. Ceux-ci sont logés dans des tubes en Invar, de façon à éviter des déformations thermiques du support. On place de l'isolant thermique entre les anneaux et l'éprouvette.

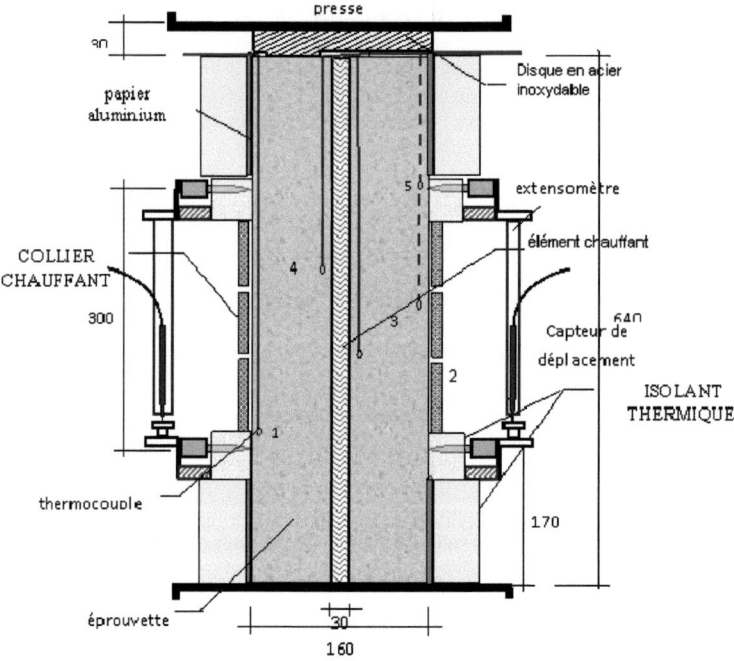

Figure 49. Schéma du dispositif expérimental utilisé pour l'essai de fluage thermique transitoire

Trois types de béton ont été testés: un béton ordinaire (BO), un béton à haute résistance (BHR) et un béton à haute performance (BHP), ayant pour valeurs moyennes de résistance à la compression respectives 35, 60 et 100 MPa. Au moins deux spécimens ont été conçus pour l'essai principal, ainsi que trois éprouvettes normalisées pour le test de résistance à la compression. Les propriétés de la formulation du mélange des trois bétons sont données dans le Tableau 13 .

Chapitre 5

Constituents	Quantité [Kg/m³]	Agrégats /ciment	Eau/Ciment	fc [Mpa]
BO : béton ordianire		4.8	0.5	35
Ciment CEM II/A-LL 32.5	350			
Sable de Seine 0/4	672			
Gravillonsilico-calcaire5/20 mm	1008			
Eau	175			
BHR: béton à haute résistance		5.6	0.4	60
Ciment CEM I 52.5	350			
Sable de seine 0/4	750			
4/12 mm silico-calcaire gravier	400			
8/20 mm silico-calcaire gravier	800			
Superplastifiant	1.75			
Eau	150			
BHP:béton à hautes performance		5.1	0.3	100
Ciment CEM I 52.5	377			
Sable de seine 0/4	432			
Sable du Boulonnais 0/5'	439			
Gravillon de Boulonnais 5/12.5	488			
Gravillon de Boulonnais 12.5/20	561			
fumée de silice	37.8			
Superplastifiant Résine GT	12.5			
Retardateur Chrysotard	2.6			
Eau	124			

Tableau 13. Composition des bétons utilisés dans les essais

II-2 Processus expérimental des essais

Sous conditions de service, tous les échantillons étaient âgés d'au moins 70 jours au début des tests. Avant l'essai, ils ont été séchés à 60°C pendant 48h. La perte de masse varie en fonction du type de béton: 1,5% pour le béton ordinaire, 1,0% pour béton à haute résistance et 0,6% pour le béton à haute performance, en valeurs moyennes. Sous conditions accidentelles, tous les échantillons étaient âgés d'au moins 230 jours au début des tests. La perte de masse moyenne était d'environ 0,22 %.

Après séchage, les spécimens ont été préparés pour l'essai et placés entre les plaques de la presse mécanique. Plus de détails sur la procédure de test peuvent être trouvés dans les références (Sabeur et Colina, 2006; 2012; 2014).

Une charge de compression uniaxiale a ensuite été appliquée, à une vitesse de 1 MPa/s, jusqu'à ce que le niveau de chargement requis ait atteint. La charge constante appliquée est égale à 20 % de la résistance à la compression (à 20°C) des bétons : 7 MPa a ensuite été appliquée aux échantillons de béton ordinaire, 12 MPa à ceux du béton à haute résistance et 20 MPa pour le béton à haute performance.

Les conditions de service ont été considérées pour définir l'opération de chauffage au cours des essais. Selon les recommandations de la RILEM (1998), sous ces conditions, la vitesse de chauffage doit être inférieur à 0,5 °C/min.

C'est pourquoi sous ces conditions, les échantillons ont été chauffés à une vitesse constante de 0,1°C/min pour atteindre des plateaux de température successifs de l'ordre de 140°C, 190°C et 220°C maintenus pendant plusieurs heures pour assurer la stabilisation de la température interne, la perte de masse et d'autres phénomènes internes à chaque cas.

Le premier palier de température a été choisi à une température supérieure à 105°C (140°C) pour assurer, l'élimination de toute l'eau libre à partir du matériau et le début de la déshydratation des CSH (Feraille, 2000). A la fin du cycle de chauffage, les échantillons ont été ensuite refroidis "naturellement" en désactivant le dispositif de chauffage. Après au moins une semaine, sous conditions ambiantes, certains spécimens ont été soumis à un second cycle de chauffage-refroidissement, avec deux plateaux de température: l'un à une température inférieure au maximum déjà atteint lors du premier cycle (poche de 170°C) et l'autre à une température supérieure (poche de la température 240°C).

Le temps nécessaire pour atteindre la stabilisation de la température est variable, en fonction de la température (il a toujours été le plus long pour le premier palier), du type de béton et du cycle de chauffage - refroidissement.

Sous conditions accidentelles, les échantillons ont été chauffés à une vitesse moyenne de 1,5°C/min jusqu'à atteindre les températures successifs (155°C, 200°C, 310°C, 400°C) maintenus constant pendant 24 heures. Comme pour le cas sous les conditions de service, après le dernier palier de température, les échantillons ont été refroidis en désactivant le dispositif de chauffage.

Dans tous les tests, sous conditions de service ou accidentelles, la déformation élastique est instantanément enregistrée à la température ambiante lors du chargement de l'échantillon. Au cours de l'essai, cette déformation a également été mesurée "chaud" à la fin de tous les plateaux de températures au moyen d'un cycle déchargement - chargement quasi-instantanée (durée de moins de 2 minutes). Cela diffère de toutes les recherches dans la littérature où les courbes contrainte / déformation ont été utilisés pour estimer indirectement la déformation élastique qui explique l'usage de l'expression " à chaud". Le fait que nous pouvons mesurer au cours de l'essai, la déformation élastique va nous permettre de calculer la déformation du fluage transitoire, ce qui confirme l'originalité de la méthode expérimentale utilisée.

En outre, la déformation élastique "résiduelle" a été obtenue à la fin de l'essai lors du déchargement des échantillons "froids".

Enfin, la déformation thermique libre a également été mesurée. Cette détermination a été effectuée avec le même système d'essai en effectuant un cycle de chauffage - refroidissement similaire sans aucune charge appliquée. Les détails des essais réalisés sur nos spécimens sous des conditions accidentelles et service figurent dans les Tableau 14 et Tableau 15.

Chapitre 5

Spécimen	Type de béton	Type de conditions	Age au test: jour	Perte de masse avant test	Résistance à la compression [MPa]	$T_{réf}$ (°C) moyenne au palier	Moyenne de la température axiale T_a(°C)	T_a-T_{ref} (°C)
BHP1	BHP	accidentel	253	0.22%	95	158 203 311 407	159 206 320 416	1 3 9 9
BHP2	BHP	accidentel	231	0.22%	107	159 207 318 417	160 208 319 418	1 1 1 1
BHP3	BHP	accidentel	334	0.20%	100	160 208 315 400	159 206 310 390	-1 -2 -5 -10
BHP4	BHP	service	103	0.62%	100	140 195 219	141 196 220	1 1 1
BO1	BO	service	91	1.6%	35	185 203	188 205	3 2
BO2	BO	service	93	1.49%	35	139 192 220	141 194 222	2 2 2
BO3	BO	service	71	1.78%	39	140 192 220	139 193 221	-1 1 1
BHR1	BHR	service	203	1.14%	60	143 199 254	144 201 258	1 2 4
BHR2	BHR	service	221	1.05%	60	140 195 219	142 199 204	2 4 5

Tableau 14. Détails des essais réalisés sur les éprouvettes 16*64 cm² de béton ordinaire, béton à haute résistance et béton à haute performance sous conditions accidentelles et de service

Chapitre 5

Spécimen	Type de béton	Type de conditions	Age au test jour	Perte de masse avant test	Resistance à la compression [MPa]	$T_{réf}$ (°C) moyenne du plateau	Temperature moyenne axiale T_a(°C)	T_a-$T_{réf}$ (°C)
BO4	BO	service	112	0.54%	35	141	137	-4
						196	192	-4
						220	219	-1
BHR3	BHR	service	407	0.94%	60	137	140	3
						195	198	3
BHP5	BHP	accidentel	237	0.16%	107	155	160	5
						202	208	6
						314	326	12
						413	430	17
BHP6	BHP	accidentel	244	0.25	90	154	160	6
						202	209	7
						312	327	15
						415	437	12
BHP7	BHP	accidentel	322	0.22%	100	154	158	4
						204	209	5
						317	330	13
						419	437	18
BHP8	BHP	service	168	0.55%	100	142	139	-3
						193	197	4
						218	222	4

Tableau 15. Détails des tests réalisés sur le BHR, BO et BHP sous conditions accidentelles et de service (déformation thermique libre)

III. Résultats et discussions

III-1 Cycles de chauffage - refroidissement sous charge constante et des conditions accidentelles

On représente sur la Figure 50, les évolutions des températures Tref et Ta et de la déformation totale du spécimen BHP1. Il est à noter la différence négligeable entre Tref et Ta pour les deux premiers paliers de température, ce qui montre que la distribution uniforme de température, avec une valeur maximale de 19°C pour le dernier (différence inférieure à celle considérée par les recommandations de la RILEM (1998, 2000) pour une température d'environ 400°C et pour les dimensions de nos échantillons). La déformation élastique a été également mesurée à différents moments du processus, à la fin du palier de température, où elle est représentée par des "pics" dans la courbe de déformation (Figure 50).

Chapitre 5

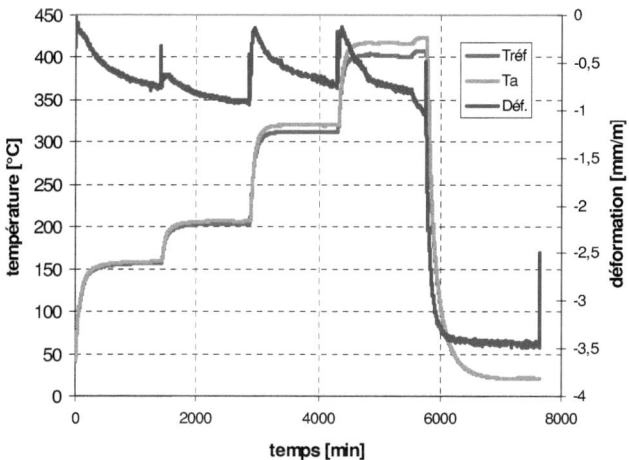

Figure 50. Cycle de chauffage refroidissement : évolution de la déformation et de la température du spécimen BHP 1 sous conditions accidentelles

L'évolution de la Température et celle des déformations totales en fonction de la température et du temps pour les trois spécimens BHP 3-5 sont représentées sur les Figure 51 et Figure 52.

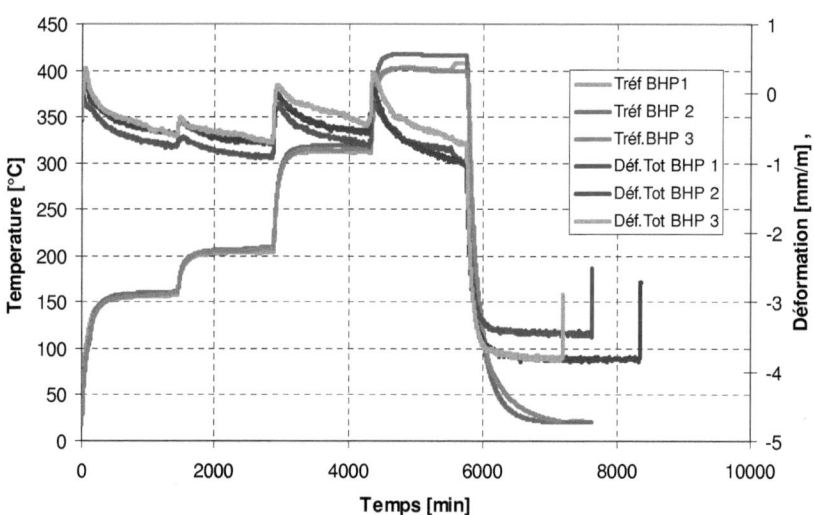

Figure 51. Cycle de chauffage refroidissement : évolution de la température et la déformation totale pour les BHP (3-5) sous conditions accidentelles

Chapitre 5

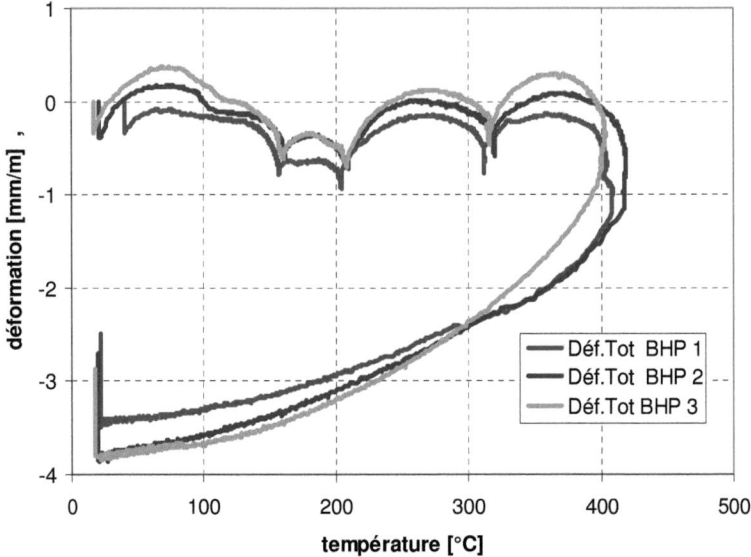

Figure 52. Évolution de la déformation totale en fonction de la température pour les trois BHP(3-5) sous conditions accidentelles

A partir des deux dernières figures, pendant les premiers cycles de chauffage et de refroidissement sous charge, en tenant compte de la vitesse de chauffage rapide, on peut voir clairement que la dilatation thermique pendant le chauffage est rapidement changée en contraction quand le palier de température est atteint. Ce comportement montre l'existence d'une composante de la déformation qui réduit la dilatation du béton quand une charge constante est appliquée. Cette observation est en accord avec des observations similaires de plusieurs auteurs (Schneider, 1988 ; Khoury et al., 1985; Kalifa, 1998; Pimienta & Hager 2002 ; Cheyrezy, 2000), mais la méthode de paliers de température employées ici permet de déterminer cette composante à n'importe quelle température.

En ce qui concerne l'évolution de la déformation à la fin de chaque palier de température après 24 heures, nous pouvons observer un début de stabilisation de la déformation particulièrement pour les trois premiers paliers. Cette stabilisation n'est pas observable pour le dernier à 400°C, où la déformation est plus importante et a besoin de plus de temps pour qu'une stabilisation ait lieu. Par exemple, dans le cas de la deuxième éprouvette chargée (spécimen BHP 2), la différence entre la valeur la plus grande et la plus petite de la déformation est égale à 0,56 mm/m en valeur absolue pour le troisième palier (avec une tendance de stabilisation) et à 1,06 mm/m pour le quatrième (où la déformation semble continuer). Selon notre point de vue, cette augmentation de la déformation au dernier palier est due:

- ❖ Au début de la décomposition de la portlandite: pour une pâte de ciment chauffée à une vitesse de 0.2°C/min, Pasquero (2004) a remarqué que cette réaction commence aux environs de 360°C.

Chapitre 5

- ❖ A une augmentation importante du réseau poreux à ce niveau de température (Noumowé, 1995). Ceci cause une perte de rigidité du matériau et donc une plus grande déformation.

La valeur résiduelle de la déformation totale obtenue après déchargement à la fin de la partie de refroidissement est évidement due à l'irréversibilité du phénomène de fluage thermique transitoire. La valeur importante de la déformation totale finale est due à deux raisons principales. La première est le fait que, dans la phase de refroidissement, le fluage thermique transitoire est absent. Cette absence va induire le développement des micro-fissures dans le spécimen et on peut observer une séparation entre la pâte de ciment et les agrégats. Par conséquent, la relaxation du champ de contrainte est absente dans la phase de refroidissement, ce qui provoque l'endommagement de la matière, qui a été observé expérimentalement par une valeur importante de la déformation totale finale.

En outre, dans la phase de refroidissement, la chaux CaO (un produit de la déshydratation) lorsqu'il est en contact avec l'air et en particulier lorsqu'il est en contact avec les molécules de H2O produira une nouvelle portlandite selon l'équation suivante:
$CaO + H_2O \longrightarrow Ca(OH)_2$.

La nouvelle portlandite formée est accompagnée d'une augmentation de volume; ce nouveau volume est plus grand que celui du CaO. Cette augmentation du volume engendre une fissuration supplémentaire qui entraîne plus d'endommagements au sein du béton.

Les Figure 51 et Figure 52 présentent la déformation totale en fonction de la température de référence pour les trois éprouvettes. Cette représentation permet de visualiser de façon immédiate les paliers de température, ce qui rend possible l'estimation directe de la déformation au début du palier.

La représentation de la déformation totale en fonction de la température nous permet de déterminer les valeurs de la déformation totale (et ensuite du fluage thermique transitoire) à la fin de la période thermique transitoire (Colina, 2000, 2004; Sabeur et Colina 2005, 2006; Küttner et Ehlert, 1992)

Pour les trois représentations de la déformation thermique libre en fonction de la température, nous pouvons noter le changement de la pente à 100°C correspondant à un "auto-plateau" à cette température. Cet "auto-plateau" est dû à l'évaporation de l'eau libre, qui induit un changement de volume arrêtant la dilatation. Après cette température, le matériau a une tendance pour une nouvelle dilatation mais, en raison de la proximité du premier palier de température à 150°C, il finit par se contracter à la valeur du ce plateau.

La représentation des trois spécimens dans un même graphique (Figure 52 et Figure 51) montre la répétitivité de la méthode et la reproductibilité du phénomène. En effet, pour le même degré de chargement et les mêmes paliers de température, nous avons un comportement similaire de nos trois spécimens avec des valeurs comparables de déformations dans la partie de chauffage et de refroidissement.

III-2 Cycles de chauffage - refroidissement sous conditions de service et charges constantes

La Figure 53 donne l'évolution de la température Tref et Ta et de la déformation totale en fonction du temps durant un premier et un second cycle de chauffage-refroidissement pour le béton ordinaire BO1 sous conditions de service. Ici, on peut noter la différence négligeable entre Tref et Ta, qui ne dépasse pas 6°C dans tous les cas (Tableau 14 et Tableau 15). Sur la même figure, on représente un deuxième cycle de chauffage - refroidissement pour les mêmes échantillons après 7 jours du premier.

Chapitre 5

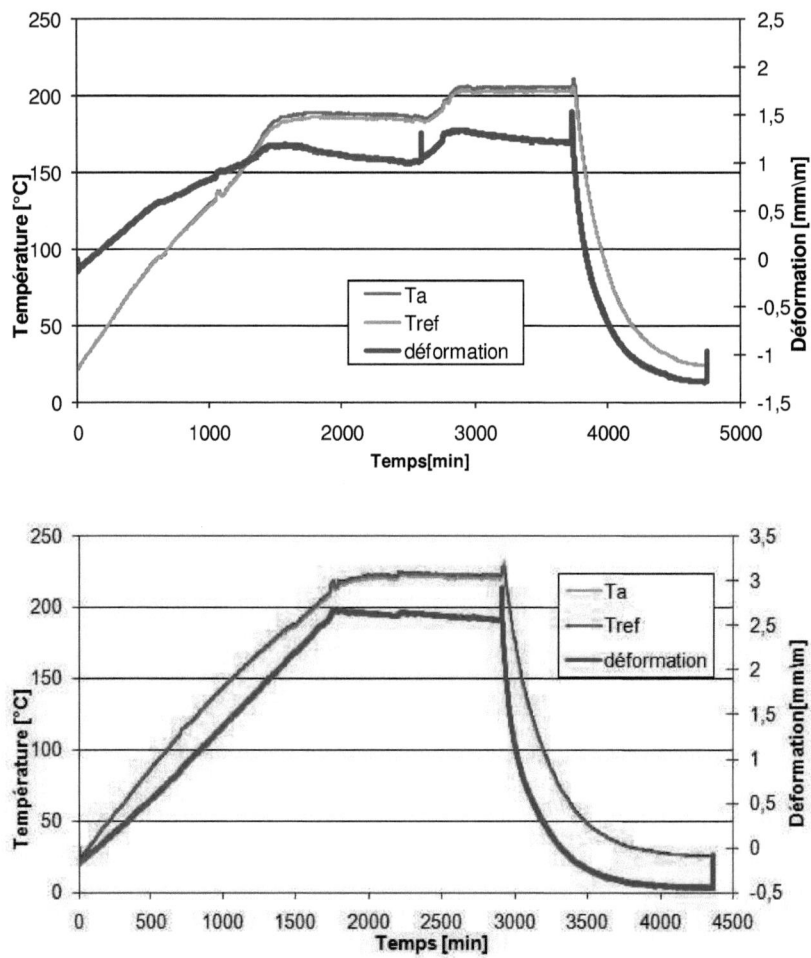

Figure 53. Evolution de la température et la déformation du béton BO1 sous un premier cycle de chauffage-refroidissement (haut) et second cycle (bas)

Les Figure 54 à Figure 56 donnent l'évolution de la déformation totale en fonction de la température (1er cycle de chauffage-refroidissement) pour le béton ordinaire (BO), le béton à haute résistance (BHR) et le béton haute performance (BHP) respectivement.

Chapitre 5

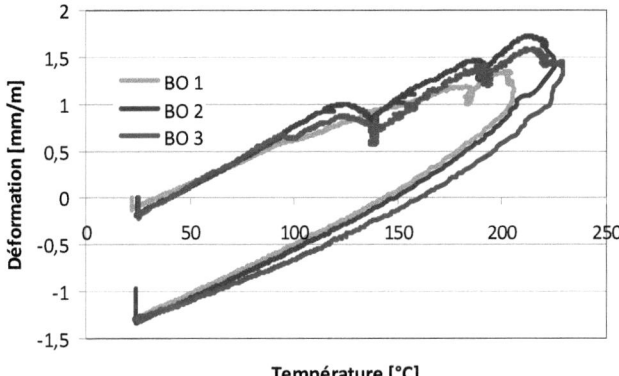

Figure 54. Evolution de la déformation totale pour les trois BO (1-3) sous conditions de service (1er cycle de chauffage refroidissement)

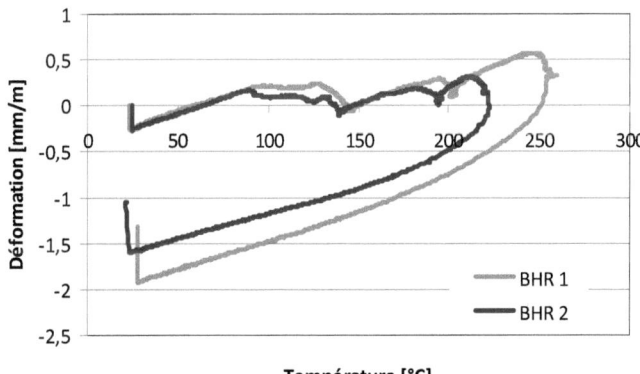

Figure 55. Évolution de la déformation totale pour les deux BHR (1-2) sous conditions de service (1er cycle de chauffage refroidissement)

Comme pour le cas des conditions accidentelles, lors des cycles de chauffage-refroidissement, la dilatation de l'échantillon au cours de l'élévation de température est rapidement réduite à une contraction quand un palier de température est atteint. Néanmoins, la contraction est "plus rapide" dans le cas des conditions accidentelles dues à une vitesse de chauffage plus rapide.

Pour les trois bétons (Figure 57), les périodes thermiques transitoires, les paliers de températures sont clairement identifiables ainsi que la déformation résiduelle finale à la fin du test. Pour le BHR, la durée de l'évaporation de l'eau libre et le début de la déshydratation, au voisinage de 100°C, a fortement influencé l'évolution de la déformation totale. Cette période n'est pas significative pour le BO mais elle marque le début de la première période transitoire pour le BHP. Ceci est bien évidemment lié aux capacités de chaque type de béton pour laisser échapper la vapeur d'eau du béton.

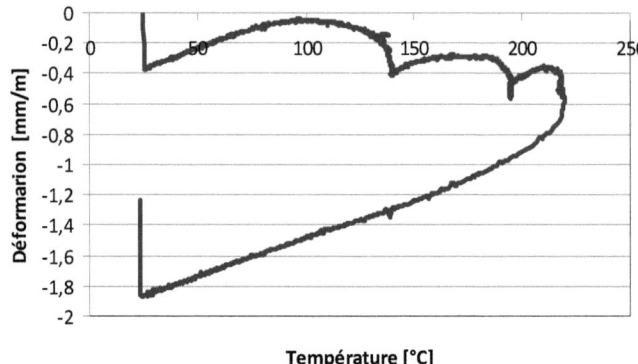

Figure 56. Évolution de la déformation totale pour le BHP 4 sous conditions de service (1er cycle de chauffage refroidissement)

Au cours d'un deuxième cycle de chauffage-refroidissement (Figure 57), le fluage thermique transitoire ne se manifeste pas si la température maximale du premier cycle n'a pas été atteinte et il réapparait si celle-ci est dépassée. Nishizawa et Okamura en 1972 et Illston et Sanders en 1973, cité par Khoury et al. (1985), ont déjà prédit ce comportement. Khoury suppose qu'une régénération du fluage thermique transitoire est possible, après une période à température ambiante. Cependant, pour tous les échantillons et les types de béton testés ici, même dans le cas où le second cycle a commencé près de deux mois après le premier cycle (BO2, voir le tableau 4), le comportement était toujours le même: l'absence du fluage thermique transitoire pour des températures inférieures à 220°C, la température maximale atteinte pendant le premier cycle, et une réapparition de cette déformation pour des températures plus élevées.

Pour chaque type de béton, il est à noter que la déformation totale "résiduelle" à la fin du deuxième cycle est plus petite en comparaison avec la même valeur à la fin du premier cycle (Figure 57). Lors du premier cycle de chauffage refroidissement et plus particulièrement durant la phase de chauffage, la déformation thermique transitoire continue à se développer, en ajoutant une importante valeur "irrécupérable" à la déformation totale lors du refroidissement. D'autre part, pendant le deuxième cycle, la déformation thermique transitoire ne se développe que lors d'un dépassement de la température maximale atteinte au cours du premier cycle de sorte que sa contribution à la valeur finale est nettement plus faible que pour le premier cycle. Cette réapparition du fluage thermique transitoire après le dépassement de la température maximale pourrait conduire à la conclusion que cette déformation est un phénomène lié à la perte de l'eau et à la déshydratation de la matrice cimentaire.

En ce qui concerne le comportement spécifique pour chaque type de béton, comme on peut le voir sur la Figure 57, on peut voir que le BO a le comportement le plus dilatant alors que le BHP est le moins dilatant parmi les trois types de bétons durant la phase de chauffage.

Chapitre 5

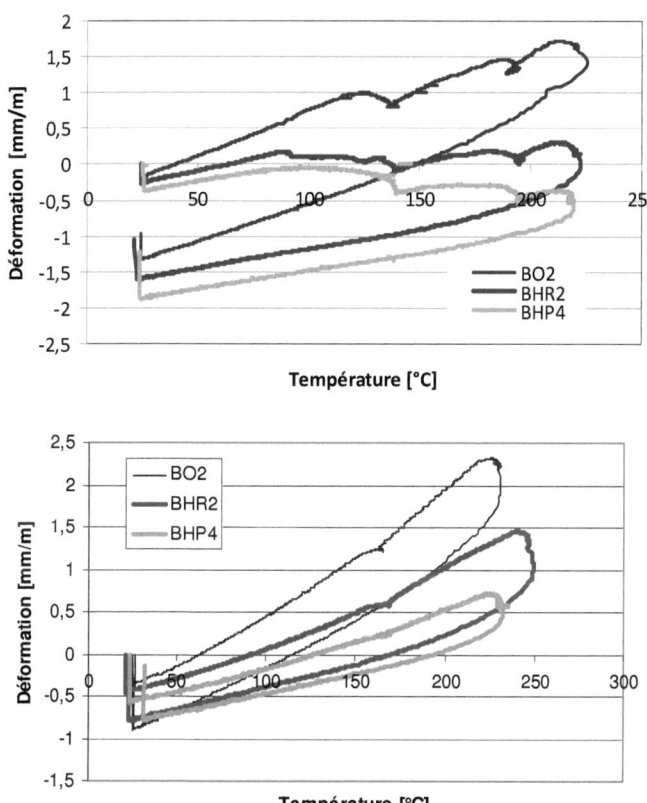

Figure 57. Déformations totales en fonction de la température : 1er cycle (haut) et 2ème cycle (en bas) sous conditions de service

Spécimen	Jour après le 1er cycle	Température moyenne T$_{réf}$ (°C)	Température axiale T$_a$(°C)	T$_a$-T$_{ref}$ (°C)	observations
BO1	7	221	219	-2	Présence of ftt
BO2	57	164	166	2	Absence of ftt
		230	233	3	Présence of ftt
BHR1	7	170	174	4	Absence of ftt
BHR2	16	169	171	2	Absence of ftt
		246	250	4	Présence of ftt
BHP4	7	168	169	2	Absence of ftt
		229	231	2	Présence of ftt

Tableau 16. Détails du deuxième cycle de chauffage refroidissement pour le BO, BHR et BHP sous conditions de service (sous charge)

III-3 Déformation thermique libre sous conditions accidentelles

Pour déterminer la déformation du fluage thermique transitoire, il est également nécessaire de connaître la déformation thermique libre $\varepsilon_{th}(T,0)$. Ainsi, un essai de dilatation thermique, sans charge appliquée, a été conçu: le dispositif d'essai est le même que pour l'essai sous charge. Les mêmes paliers de température que ceux des essais sous charge ont été considérés.

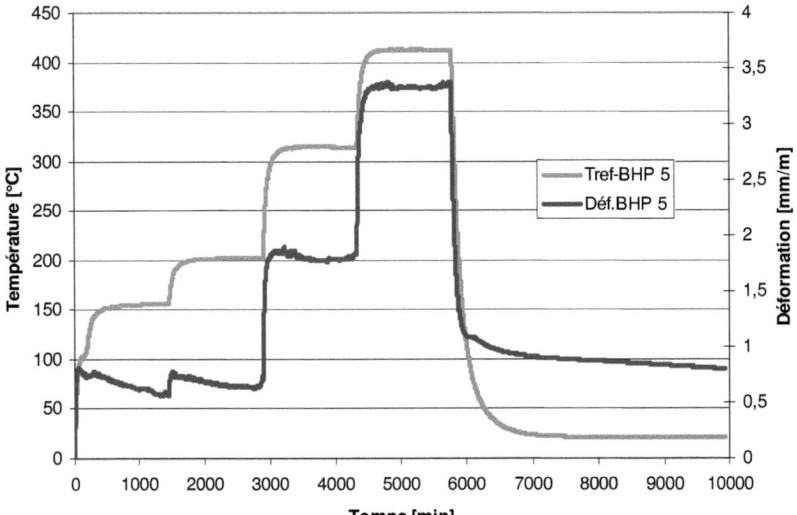

Figure 58. Température et déformation thermique libre en fonction du temps du BHP 5 sous conditions accidentelles

La Figure 58 donne l'évolution de la déformation thermique libre et les températures Tref et Ta en fonction du temps. Pour les cycles de chauffage-refroidissement sans charge, cette figure montre que la dilatation est également changée en contraction dés que le palier de température est atteint, comme dans le cas d'un essai sous charge mais avec une intensité plus faible. Ce changement de comportement est lié au retrait de dessiccation : au niveau du palier de température 300°C ce phénomène est presque absent et à la fin du palier et à 400°C il a complètement disparu (Figure 58). Par conséquent, on vérifie que ce phénomène est lié au retrait de dessiccation qui diminue quand l'eau libre et adsorbée diminue à l'intérieur du spécimen.

Représentons ces trois courbes dans une même Figure 59, il est clair que pour la déformation thermique libre et pour les trois spécimens, on a des valeurs très proches dans la phase de chauffage et dans la phase de refroidissement montrant la répétitivité de l'expérience et de l'évolution de la déformation thermique libre de ce béton.

Chapitre 5

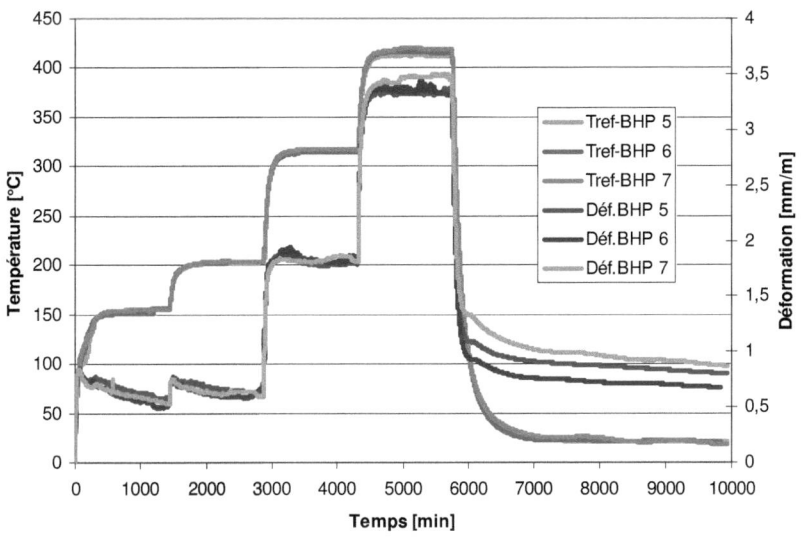

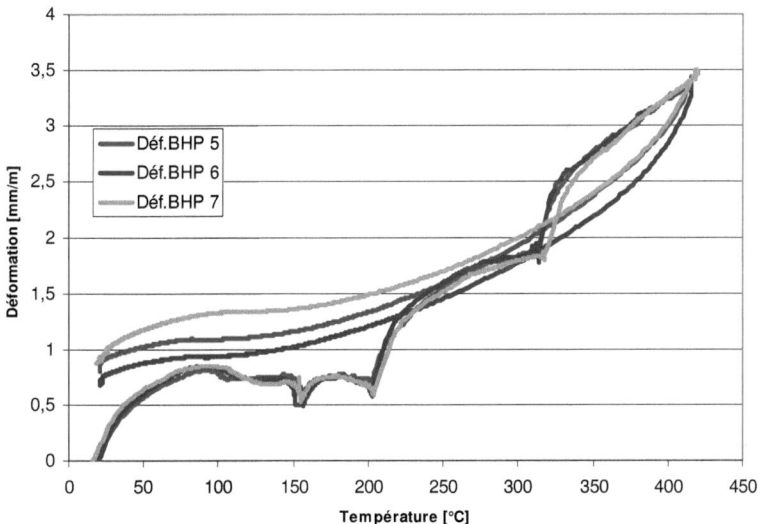

Figure 59. Température et déformation thermique libre en fonction du temps (haut) et déformation thermique en fonction de la température (bas) sous conditions accidentelles

III-4 Déformation thermique libre sous conditions de service

Le programme expérimental présenté ici a permis de tester un BHR, un BHP et un BO soumis à un cycle de déformation thermique libre.
Les résultats présentés ici pour le BHR correspondent à des spécimens 110 * 330 mm^2 testés sous des conditions de service aux laboratoires du CEA.

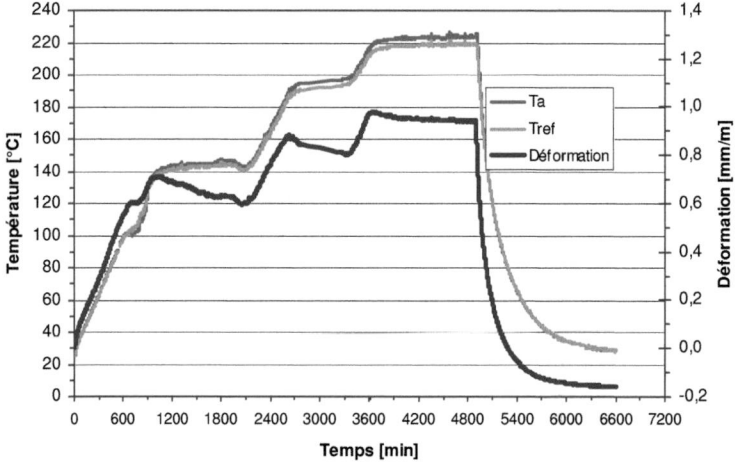

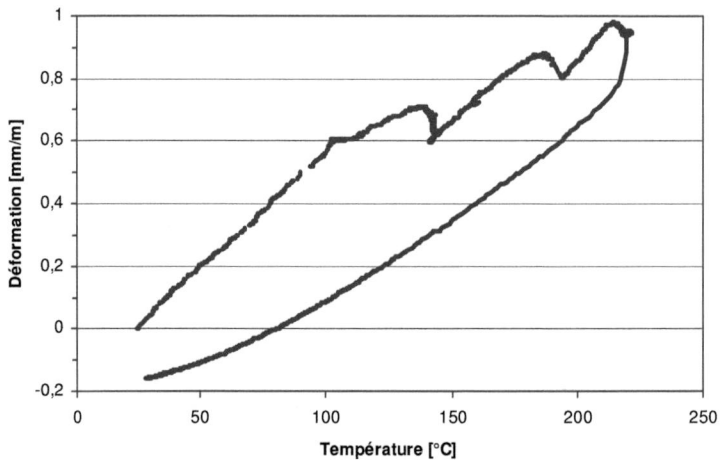

Figure 60. Température et déformation en fonction du temps (haut) et déformation en fonction de la température (bas) du BHP 8 sous conditions de service

Chapitre 5

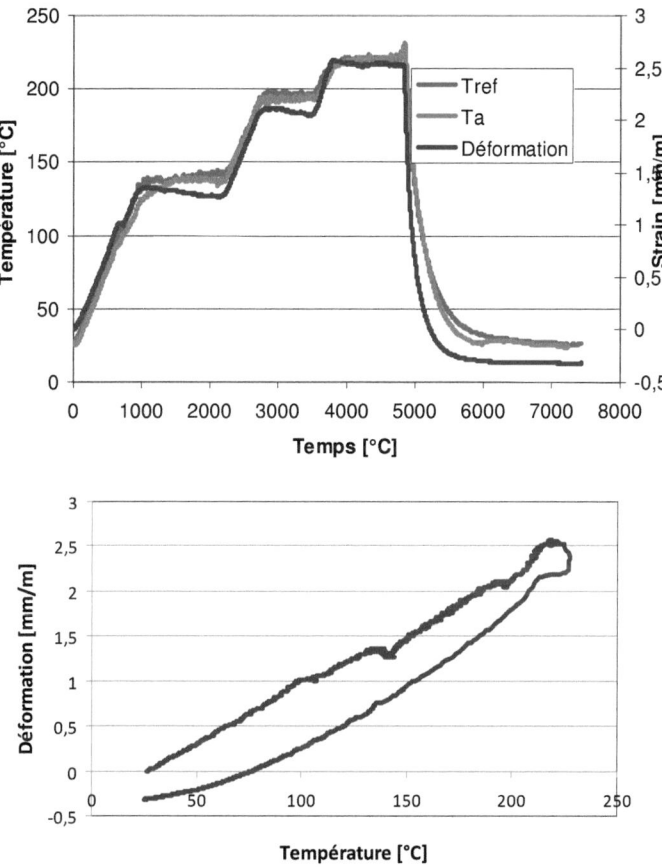

Figure 61. Température et déformation en fonction du temps (haut) et déformation en fonction de la température (bas) du BO 4 sous conditions de service

Les Figure 60 Figure 62 donnent l'évolution de la température et de la déformation thermique et la déformation thermique en fonction de la température pour le BHP, le BO et le BHR respectivement. Dans le cas du BHR les données dans la phase de refroidissement n'ont pas été enregistrées.

Comme pour le cas des spécimens sous conditions accidentelles, durant les évolutions de la température et de la déformation, il est à noter le changement de la dilatation en une contraction une fois le plateau de température est atteint comme pour le cas chargé (mais pas avec la même intensité). Cependant, ce comportement diminue rapidement avec l'augmentation de température. Comme pour le cas sous des conditions accidentelles, ceci est relié au retrait de dessiccation qui diminue quand l'eau libre et adsorbée diminuent à l'intérieur du spécimen. La présence du retrait de dessiccation lié à la perte d'eau pendant les essais thermiques libres est souvent mentionné dans la littérature (Schneider,1988; Khoury et al., 1985 ; Khoury, 1992, Kuttner and Ehlert ; 1992).

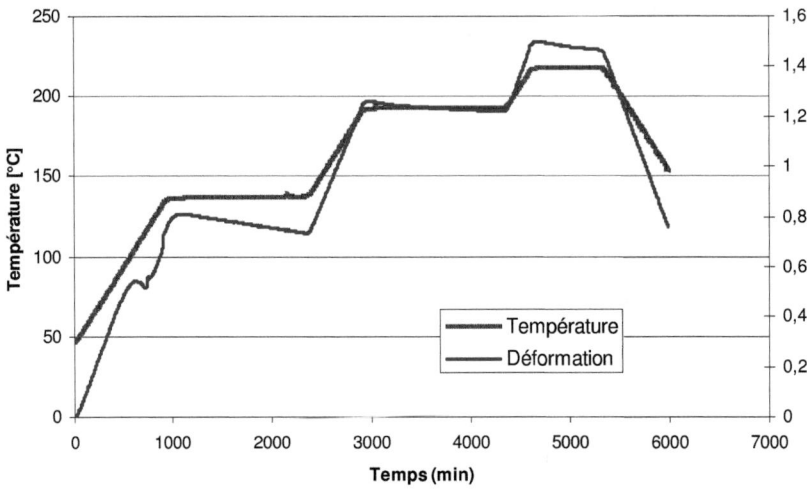

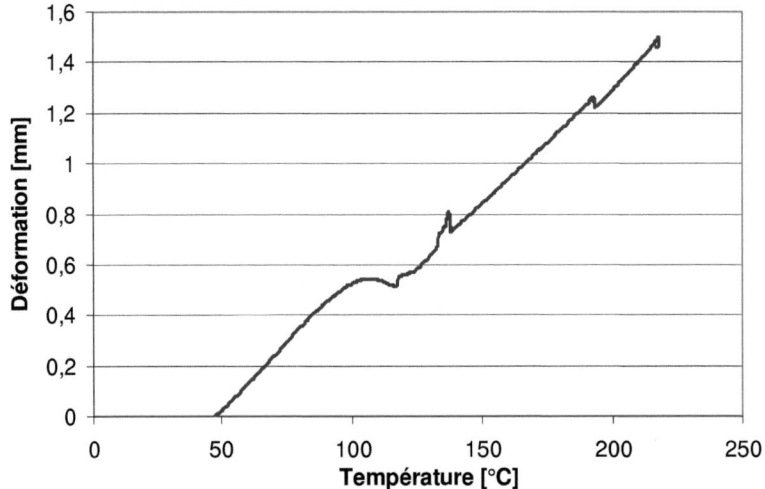

Figure 62. Température et déformation en fonction du temps (haut) et déformation en fonction de la température (bas) du BHR 3 sous conditions de service

III-5 Fluage thermique transitoire

D'après les recommandations de la RILEM (1998) qui considèrent le modèle additif des déformations pour l'étude de la déformation du fluage thermique transitoire, on peut écrire

//
Chapitre 5

que la déformation totale à chaque instant est la somme de toutes les déformations de l'éprouvette : la déformation élastique ε_e, la déformation thermique libre ε_{th} et le fluage thermique transitoire ε_{tc}.

$$\varepsilon = \varepsilon_e + \varepsilon_{th} + \varepsilon_{tc} \qquad (80)$$

Nous obtenons donc l'expression suivante de la déformation du fluage thermique transitoire :

$$\varepsilon_{tc} = \varepsilon - \varepsilon_e - \varepsilon_{th} \qquad (81)$$

La partie de déformation correspondante au retrait de dessiccation est considérée négligeable ou couplée avec la déformation thermique libre (RILEM, 1997; Schneider, 1988; Khoury, 1985; Thienel. et Rostasy, 1996).

La déformation thermique transitoire ε_{tc}, considérée comme la valeur à la fin de la période thermique transitoire, est alors estimée comme suit. La valeur moyenne de température T_{ref} pour, la déformation totale et la déformation thermique libre, est considérée celle à la fin du palier de température. Les déformations ε, ε_{th} et ε_e, correspondant à cette température, sont ainsi déterminées. On peut donc calculer les valeurs du fluage thermique transitoire ε_{tc} en utilisant l'équation (81).

III-5.1 Sous conditions accidentelles

Le fait que les valeurs de la déformation thermique libre pour des spécimens BHP 1-3 soient très proches, nous permet de faire n'importe quelle combinaison avec les spécimens BHP 5-7 (Tableau 19).

Le choix est chronologique, correspondant à la date de l'essai de nos spécimens. Sur les Figure 63 et Figure 64, on représente respectivement la variation de la valeur moyenne de la température et du fluage thermique transitoire en fonction du temps et en fonction de la température sous conditions accidentelles.

Sur la Figure 63, on peut observer une stabilisation à la fin de chaque plateau de température (après 24 h). Cependant, la stabilisation de la déformation de fluage thermique transitoire se produit après celle de la température, i.e. le fluage thermique transitoire n'est pas instantané et a besoin de temps pour se produire.

Différentes interprétations sont avancées pour expliquer les mécanismes à l'origine de la déformation thermique transitoire : composition initiale du béton, charge appliquée, vitesse de chauffage et plein d'autres facteurs. Dans le cadre de nos expériences, nous avançons l'hypothèse suivante: sous les mêmes conditions et sous la même charge appliquée, la déformation du fluage thermique transitoire ne dépend que des processus physico-chimiques qui se produisent au cours d'une augmentation de température. Dans le cadre de ce travail de recherche (chapitre 1), il a été prouvé que cette déformation est pilotée par deux processus : la dessiccation (T<105°C) mais surtout piloté par la déshydratation (décomposition des CSH) pour T>105°C. En outre, cette déformation se produit avec la même cinétique que la déshydratation. Par conséquent et sur la base de cette hypothèse, un modèle a été formulée (chapitre 1) dans lequel une variable de déshydratation est définie et est introduite comme une variable régissant le fluage thermique transitoire lorsque la température dépasse 105°C. Le modèle proposé permet à la déformation du fluage thermique transitoire d'être sensible à la vitesse de chauffage.

Chapitre 5

Spécimen	T [°C]	$\varepsilon_{tot}(T,\sigma)$ [mm/m]	$\varepsilon_{th}(T,0)$ [mm/m]	$\varepsilon_{el}(T,\sigma)$ [mm/m]	$\varepsilon_{ttc}(T,\sigma)$ [mm/m]
BHP 1-5	155	-0.75521	0.57345	-0.43132	-0.89734
	201	-0.91091	0.70148	-0.49858	-1.11381
	305.5	-0.73242	1.83592	-0.55121	-2.01713
	396.5	-1.02701	3.37672	-0.53982	-3.86391
BHP 2-6	159.5	-0.58648	0.53928	-0.45899	-0.66678
	207	-0.67057	0.65864	-0.53223	-0.79698
	314	-0.53057	1.80664	-0.68358	-1.65363
	406.5	-0.98387	3.31163	-0.65268	-3.64282
BHP 3-7	160	-0.60276	0.53113	-0.41234	-0.72154
	208.5	-0.69823	0.59515	-0.50402	-0.78936
	315.5	-0.4427	1.80448	-0.54796	-1.69922
	399.4	-0.72319	3.47222	-0.54146	-3.65396
Moyenne	158	-0.64815	0.5479	-0.43422	-0.7618
	205.5	-0.7599	0.6517	-0.51161	-0.90005
	311.5	-0.56856	1.8156	-0.59425	-1.78999
	401	-0.91136	3.3868	-0.57799	-3.720232

Tableau 17. Fluage thermique transitoire pour les quatre paliers de température pour le BHP sous conditions accidentelles

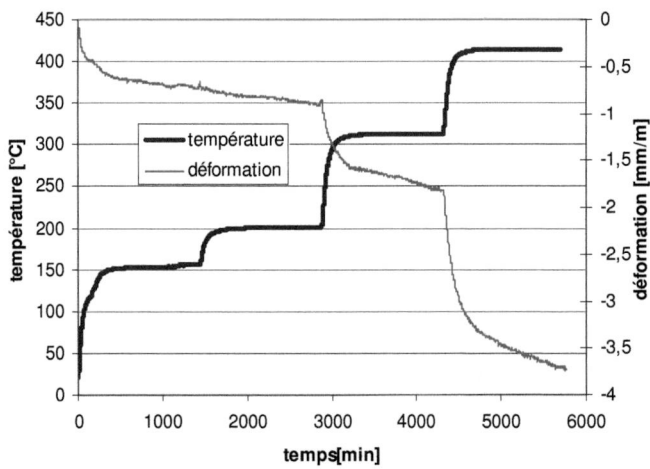

Figure 63. Température et déformation thermique transitoire en fonction du temps

Chapitre 5

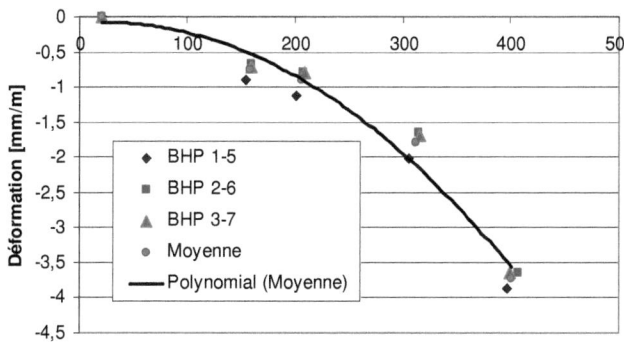

Figure 64. Fluage thermique transitoire en fonction de la température du BHP sous conditions accidentelles

Sur la Figure 64, on représente l'évolution du fluage thermique transitoire en fonction de la température. De cette figure, il est clair que le fluage thermique transitoire augmente avec la température et cette augmentation est plus importante particulièrement après 200°C : pour cette valeur de température nous avons une valeur moyenne de la déformation thermique transitoire égale à $-0.9\ mm/m$; d'autre part cette déformation a atteint la valeur moyenne de $-3.72\ mm/m$ à 400°C.
Cette différence est due à différents facteurs : entre 200°C et 400 °C, la partie la plus importante de la déshydratation du silicate de calcium hydrate CSH a eu lieu. Cette déshydratation (i.e. la libération de l'eau liée chimiquement) conduit à la décomposition des CSH.
Un autre processus a lieu à environ 400 ° C: le début de la décomposition de la portlandite (correspondant à la deuxième grande perte) suivant la réaction endothermique :
$Ca(OH)_2 \rightarrow CaO + H_2O$
Les deux phénomènes modifient le réseau poreux : le volume des pores augmente de manière significative avec la température, et ensuite la microstructure est modifiée et en conséquence la rigidité diminue. Cependant, cette augmentation de la déformation de fluage thermique est essentiellement due à la déshydratation de la CSH et surtout dans notre cas où nous avons juste le début de la déshydratation de l'hydroxyde de calcium.

III-5.2 Sous conditions de service

Le Tableau 18 présente les valeurs du fluage thermique transitoire sous conditions de service pour les trois types de béton BO, BHR et BHP. A partir de ce tableau des conclusions concernant la déformation thermique transitoire peuvent être avancées :
- Pour chaque palier detempérature, le BO présente les valeurs minimales en ce qui concerne cette déformation. Le BHP présente les valeurs les plus importantes mais qui restent proches de celles du BHR. La raison de ces valeurs comparables semble avoir pour origine les compositions comparables du squelette solide (même type de ciment, quantité de gravillon comparable, utilisation du superplastifiant)
- Tenant en compte des valeurs de $\varepsilon_{th}(T,0)$, on peut affirmer que plus le béton est "dilatant" plus les valeurs de la déformation thermique transitoire sont petites.
- Pour la gamme de température étudiée ici, la quantité d'eau initiale semble ne pas avoir une relation directe sur le fluage thermique transitoire mais plutôt semble être

Chapitre 5

inversement proportionnel au rapport eau/ciment (ce rapport est minimal pour le BO maximal pour le BHP, Tableau 13). Comme les valeurs du fluage de dessiccation (faisant partie du fluage thermique transitoire) et du retrait de dessiccation (faisant partie de la déformation thermique libre) sont petites pour des bétons avec des rapports eau/ciment faibles, cette raison de proportionnalité doit trouver son explication dans d'autres processus physico-chimiques. Le rapport eau/ciment est aussi lié directement à la perméabilité, du coup le taux de perte de masse avec la température (i.e perte de l'eau libre et adsorbée) pour le BO est plus important que les autres types de béton (Khoury, 2003). Il en résulte que la pression de la vapeur d'eau est plus faible et le champ des contraintes au niveau du squelette solide est moins important. Sous conditions de service, ça serait intéressant d'explorer cette piste pour expliquer le comportement du béton vis-à-vis du de la déformation du fluage thermique transitoire.

- Sous même conditions d'essai, à savoir 0,1°C/min comme vitesse de chauffage, des températures inférieures à 300°C, 20% de la résistance à la compression à 20°C, les valeurs de $\varepsilon_{ttc}(T,\sigma)$ présentent des différences par comparaison entre les trois types de béton (Figure 65). Pour la gamme de températures considérée ici, ces variations ne sont pas en accord avec la courbe de référence proposée par Khoury (1992) et Khoury et al. (1985) en termes de LITS. Ceci prévisible sachant que ces dernières courbes ne tiennent pas compte de la variation de la déformation élastique au cours de l'essai et s'intéressent uniquement à la déformation élastique initiale (plus de détails dans le paragraphe V de ce chapitre. Il semble donc important de considérer les variations de $\varepsilon_{el}(T,\sigma)$ avec la température pour la détermination de $\varepsilon_{ttc}(T,\sigma)$.

Type de béton	T[°C]	ε_{tot} [mm/m]	ε_{th} [mm/m]	ε_{el} [mm/m]	ε_{ttc} [mm/m]
BHP	141	-0.38031	0.59623	-0.41966	-0.55688
	195.5	-0.48448	0.81706	-0.49507	-0.80647
	219	-0.51703	0.94020	-0.51025	-0.94698
BHR	141.5	-0.05942	0.74440	-0.32133	-0.48249
	197	0.10361	1.22908	-0.35035	-0.77512
	219	0.13779	1.46034	-0.42155	-0.90100
BO	139	0.87510	1.39486	-0.25013	-0.26963
	195	1.36531	2.23633	-0.30139	-0.56963
	220	1.62381	2.69118	-0.34895	-0.71842

Tableau 18. Fluage thermique transitoire pour les trois bétons BHR , BHP et BO sous conditions de service

Chapitre 5

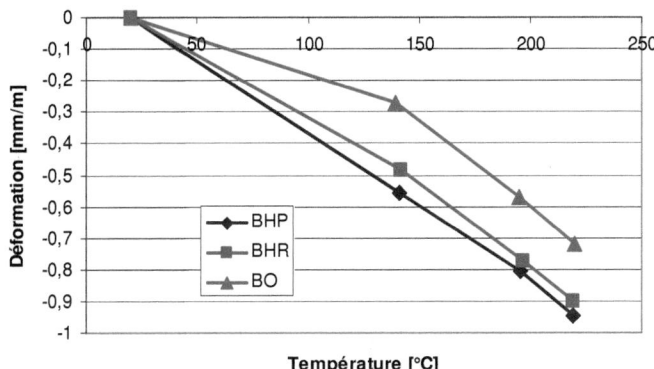

Figure 65. Fluage thermique transitoire pour les trois types de béton sous conditions de service

III-6 Influence de la vitesse de chauffage

Afin d'étudier le rôle de la vitesse de chauffage (et donc le type de conditions) sur l'évolution de la déformation du fluage thermique transitoire, les valeurs moyennes de cette déformation pour les trois BHP (3-5) sont comparés avec celles de du spécimen BHP 4 sous la même charge (Figure 66). Les valeurs du fluage thermiques transitoire sont comparables, de sorte qu'il apparaît que le type de condition n'a pas une grande influence sur les variations de la déformation thermique transitoire dans cette plage de température.

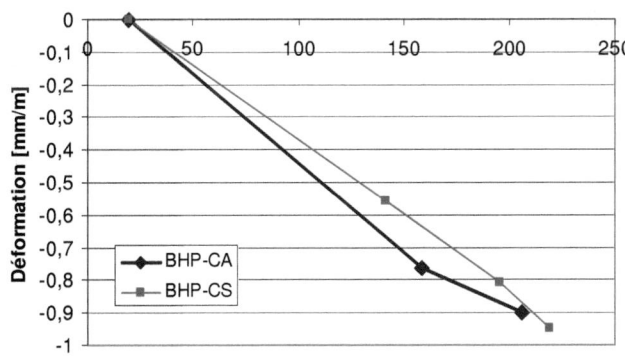

Figure 66. Valeurs moyennes du fluage thermique transitoire pour le BHP sous conditions accidentelles et de service

Le fait que la vitesse de chauffage n'a pas d'influence sur la variation de cette déformation au cours de la phase de chauffage est prévisible dans nos essais expérimentaux. En effet, un chauffage plus rapide va induire des contraintes plus élevées provoquées par: l'incompatibilité

Chapitre 5

thermique entre la pâte de ciment et les agrégats et par le développement de la pression de la vapeur d'eau dans les pores qui conduit à un plus grand endommagement de la microstructure (Harada et al., 1972). En effet, une cinétique rapide provoque la génération d'un gradient thermique entre la zone intérieure, plus froide, et la zone périphérique, exposée à la chaleur. Le gradient de température conduit à un transfert de l'eau sous forme gazeuse à l'intérieur du béton, ce qui provoque une augmentation de la pression de la vapeur dans la partie centrale.

En outre, dans cette gamme de température (20-220°C), la décomposition des CSH est la réaction principale lorsque le béton est soumis à des températures élevées. Plus la vitesse de chauffage est élevée, plus la température de début de cette décomposition est plus importante. Dans des travaux antérieurs (Sabeur et al.,2006), les pics correspondant à ces températures sont égales à 85°C et 138°C pour les vitesses de chauffages respectives 0,2 et 10°C/min (Figure 66). C'est cette différence qui nous a amené à penser à appliquer des plateaux de température pendant plusieurs heures pour donner suffisamment de temps pour toutes les réactions physico-chimiques pour se produire. En effet, ces plateaux de température permettent de réduire les effets de la cinétique mentionnés précédemment. Cette stabilisation permet de minimiser donc ces contraintes élevées et le rôle de la vitesse de chauffage.

IV. Comparaison avec des résultats de la littérature

Dans la littérature, la méthode expérimentale utilisée permet de calculer la déformation thermique transitoire (TTS), connue également sous le nom 'Load Induced Thermal Strain' (LITS). Cette déformation est déterminée indirectement par la différence entre la déformation totale mesurée au cours du premier chauffage (sous chargement) et la déformation thermique libre (sans chargement). Dans ces recherches, les auteurs ne déduisent que la déformation élastique initiale pour déterminer la (TTS), ce qui prouve encore l'originalité de la méthode expérimentale. En effet, dans notre compagne expérimentale, la déformation «élastique» a été mesurée "à chaud", au début et pendant les essais afin de calculer le fluage thermique transitoire.

Nous présentons ici (Figure 67), le (TTS) de deux bétons à haute performance du projet nationale française BHP 2000: M75C et M100C (Hager, 2004) et trois types du béton ordinaire : M30C du même projet, QB2 et G de la procédure expérimentale réalisée par (Thienel and Rostasy, 1996), et (Khoury et al., 1985), respectivement. Notez que le M100C et M30C sont respectivement le même BHP et BO utilisés dans nos expériences. En outre, pour les deux bétons ordinaires G et QB2, les charges appliquées sont respectivement égales à 30% et 10 % de la résistance à la compression du béton. La charge constante utilisée dans (Hager, 2004) est la même appliquée pour nos spécimens. Plus de détails sont donnés dans le Tableau 19.

Chapitre 5

Spécimen	Dimensions des spécimens [mm²] (cylindres)	Résistance à la compression [MPa]	Vitesse de chauffage [°C/min]	Charge appliquée [%]	Eau/ciment [-]	Agrégats /ciment [-]
M100C	104×300	112	1	20	0.3	5.1
M75C	104×300	106	1	20	0.36	5.33
HPC-AC	160×640	100	1.5	20	0.3	5.1
M30C	104×300	37	1	20	0.52	5.22
G	62×186	34	1	10	-	-
QB2	cubes (200 ×200 ×50 mm³)	45	2	30	0.45	5.45
OC-SC	160×640	35	1.5	20	0.5	4.8

Tableau 19. Détails des résultats des essais de la littérature

Comme le montre la Figure 67, notre BHP sous conditions accidentelles et le BO sous conditions de service ont des valeurs comparables pour la déformation thermique transitoire avec des compositions comparables et avec la même vitesse de chauffage (c.-à-d M100C et M30C). Cependant, à partir de cette figure, on peut voir qu'en comparaison avec ces bétons de compositions comparables, les valeurs de la déformation du fluage transitoire de nos échantillons sont plus importantes. Cette différence trouve son explication en tenant compte de la méthode expérimentale utilisée dans nos essais où différents plateaux de température ont été maintenus pendant plusieurs heures pour assurer la stabilisation de la déformation du fluage thermique transitoire. Ceci implique des valeurs plus élevées de cette déformation par rapport aux valeurs obtenues des essais de la littérature pour une composition de béton comparable. En effet, dans les procédures expérimentales utilisées par les autres auteurs, le fluage thermique transitoire dépend de la température atteinte.

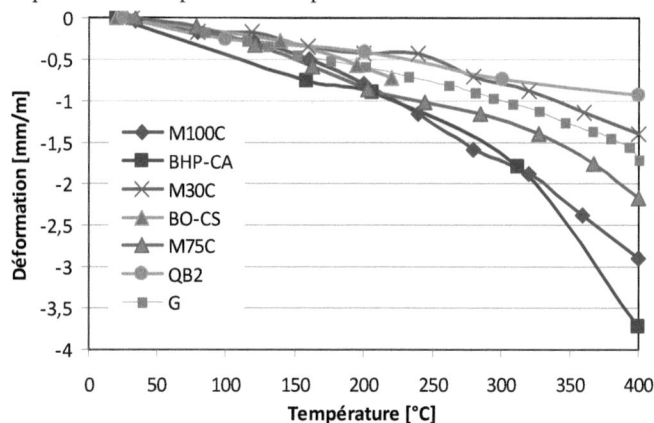

Figure 67. Comparaison avec des résultats de la littérature

V. Conclusion

Chapitre 5

La méthode d'essai présentée ici permet de suivre le comportement des spécimens du BO, BHR et du BHP lors des cycles de chauffage-refroidissement. Cette compagne expérimentale permet de comparer des bétons avec différentes compositions et résistances à la compression sous des conditions de service et accidentelles. En outre, la déformation élastique est mesurée directement pendant l'essai principal au début, la fin de l'essai et en particulier à la fin des plateaux de températures. En outre, la déformation thermique libre est obtenue avec un dispositif d'essai similaire mais sans charge. Il est alors facile de calculer la déformation thermique transitoire de béton à différents niveaux de température.

-Sous des conditions de service, les valeurs trouvées expérimentalement du fluage thermique transitoire montrent que le BO possède les valeurs les plus petites alors que le BHP a les valeurs les plus importantes. Le BHR présente des valeurs intermédiaires, mais proches de celles du BHP. Dans la gamme de température appliquée dans ce travail pour estimer le fluage thermique transitoire, supérieur à 105 ° C, la teneur initiale en eau ne peut pas être liée à cette déformation. D'autre part, on a trouvé que $\varepsilon_{ttc}(T,\sigma)$ est inversement proportionnel au rapport E / C des bétons testés. Comme ce rapport est directement liée à la perméabilité, la vitesse de perte de masse est plus élevé pour le BO, du coup ces « petites » valeurs de cette déformation du BO peuvent trouver leurs origines dans cette piste (ie pression de la vapeur d'eau dans les pores plus petite, champ de contrainte interne moins important ...).

- Sous un nouveau cycle de chauffage - refroidissement , le fluage thermique transitoire ne se développe que si la dernière température maximale pendant le premier cycle est dépassée. Ce fait a été observé pour les trois bétons, même après une période de « récupération » à température ambiante (comme le cas du BO2, qui a été soumis à un second cycle 57 jours après le premier). L'augmentation de la température au-dessous du niveau maximum atteint au cours du premier chauffage ne réactive pas la déformation du fluage thermique transitoire. Cela signifie, notamment, que, sous les conditions expérimentales appliquées dans le cadre de ces travaux de recherche, aucun effet de la réhydratation n'a été détecté. Par conséquent, c'est quand la température est supérieure à la dernière valeur maximale atteinte lors du premier cycle, que les phénomènes physico-chimiques qui induisent le fluage thermique transitoire, essentiellement liés à la déshydratation, sont réactivés.

-Sous des conditions accidentelles, les valeurs estimées pour le fluage thermique transitoire montrent que cette déformation augmente avec l'évolution de la température avec des valeurs importantes pour la température supérieure à 200°C. La déshydratation des CSH est la principale raison de ce comportement dans la plage de [200°C- 400°C] avec un début de la décomposition de la portlandite à la fin du dernier palier. Ces deux réactions provoquent une augmentation du volume des pores et par conséquent une modification de la microstructure et une diminution de la rigidité du matériau.

-Pour des températures de chauffage inférieure à 220°C, pour le cas du BHP, la vitesse de chauffage jusqu'à 1,5°C/min n'a pas une influence importante sur les variations du fluage thermique transitoire. Ce comportement est prévisible. En effet, les plateaux de plusieurs heures de température appliquées, assurent la stabilisation de l'ensemble des processus physico-chimiques et en particulier la décomposition du gel CSH (qui est la principale raison de l'apparition de fluage thermique transitoire dans cette gamme de température <400°C).

-La valeur résiduelle de la déformation totale obtenue lors du déchargement à la fin de la partie de refroidissement est une preuve que la déformation thermique transitoire est

Chapitre 5

irréversible. En effet, dans la phase de refroidissement, l'absence de cette déformation est la raison principale de la valeur importante de la déformation totale finale. Cette absence va induire le développement des micro-fissures dans le spécimen et on peut observer une séparation entre la pâte de ciment et les agrégats. Par conséquent, la relaxation du champ de contrainte est absente dans la phase de refroidissement, ce qui provoque l'endommagement du matériau, qui a été observé expérimentalement par une importante valeur de la déformation totale finale.

Conclusion générale

Dans la première partie de ce travail, un modèle pour le fluage thermique transitoire est présenté. Cette déformation est décomposée en fluage de dessiccation et en fluage de déshydratation. La déformation thermique transitoire est contrôlée par la cinétique du processus de déshydratation.

Le modèle proposé a été utilisé pour la prédiction du comportement de différentes formulations de bétons (BO et BHP) soumises à un cycle de chauffage-refroidissement. Les résultats de simulation permettent de reproduire de façon satisfaisante les différentes composantes des déformations mesurées expérimentalement dans la partie chauffage et dans la partie refroidissement. En outre, la validité de l'hypothèse du rôle moteur de la cinétique de déshydratation dans le fluage thermique transitoire a été vérifiée. Cette simulation a montré que la déformation du fluage thermique transitoire ne dépend pas de la température maximale atteinte, mais continue à se produire au niveau du palier de température. Ceci diffère des modèles proposés dans la littérature, basés uniquement sur une dépendance en température du fluage thermique transitoire. Le modèle proposé simule le comportement expérimental de cette déformation et considère que la déformation de fluage thermique transitoire continue à se produire jusqu'à ce que la valeur de la déshydratation ait atteint la valeur de la déshydratation à l'équilibre qui varie avec la température.

Dans la deuxième partie des essais ATD/ATG complétés par des analyses DTG ont été réalisés sur la pâte de ciment " tunisien " chauffé avec différentes vitesses de chauffage. En outre, des essais de perte de masse permettent de calculer la fonction de déshydratation. Les essais ATD/ATG ont montré la présence de la cinétique chimique et l'existence d'une différence entre la valeur de la perte de masse à l'équilibre et celle mesurée à la température T. Par comparaison avec la pâte de ciment française, les plages de température qui caractérisent le début et la fin des différentes réactions et les pics correspondants sont comparables. En outre, les courbes DTG ont montré que ces réactions sont la raison principale de la perte de masse et donc de la fonction de déshydratation.

En outre, dans cette deuxième partie, on s'est intéressé à l'étude de l'évolution des propriétés mécaniques résiduelles (résistance à la compression, module d'élasticité) et physiques résiduelles (perte de masse) du mortier du béton tunisien. Les essais de compression ont montré que ces propriétés mécaniques diminuent en fonction de la température pour atteindre des valeurs très faibles à 802.1°C.

Dans la troisième partie, une méthode expérimentale est présentée afin de suivre l'évolution de la déformation élastique lors d'un cycle de chauffage-refroidissement sous des conditions accidentelles et de service pour le BHP et le BO. L'originalité de ce procédé consiste dans le fait que la déformation élastique est mesurée directement pendant l'essai principal au début, la fin et en particulier à la fin des plateaux de températures maintenus plusieurs heures. Ce procédé permet également d'estimer la variation du module de Young sous de telles conditions. Pour tous les bétons sous conditions accidentelles (CA) ou des conditions de service (CS), le comportement expérimental de la déformation élastique en fonction de la température montre que cette déformation est irréversible. Par ailleurs, lors d'un cycle de chauffage refroidissement sous de telles conditions, nous pouvons remarquer une augmentation de la variation de déformation élastique et donc une diminution du module d'Young correspondant. Ceci s'explique par les différents phénomènes qui se produisent dans la partie chauffage (déshydratation des C-S-H, décomposition de la portlandite et la

Conclusion générale

différence de la dilatation thermique entre la pâte et les granulats) et dans la partie refroidissement avec la formation d'une nouvelle portlandite accompagnée par une expansion en volume induisant un plus grand endommagement. En ce qui concerne les différences de comportement entre les deux types de béton sous (CA) et (CS), les conclusions suivantes peuvent être tirées des résultats de nos tests concernant le module d'Young :

-Pour le BHP sous CA, une diminution des valeurs du module d'Young avec une tendance asymptotique dans la même gamme de température [300-400°C]. Ce comportement est dû à la perte de la quantité la plus importante de l'eau chimiquement lié aux alentours de 400°C induisant une consolidation du squelette qui devient plus rigide.

-Pour les températures de chauffage inférieure à 220°C, dans le cas du BHP, la vitesse de chauffage 1,5°C/min n'a pas d'influence importante sur la variation de la déformation élastique (et le module d'Young correspondant). En effet, les plateaux de températures appliqués durant des heures assurent la stabilisation de tous les processus physico-chimiques (décomposition des CSH, l'incompatibilité ciment -agrégats et la pression de vapeur) ; ce qui réduit considérablement l'endommagement de la structure provoquée par un chauffage rapide.

-sous conditions de service, le BHP, sous charge constante, montre des valeurs supérieures de module de Young comparé à celles du BO pendant le cycle de chauffage-refroidissement. Dans la phase de chauffage, la différence entre eux semble être constante dans la gamme de températures de 20°C à 220 °C. Dans la phase de refroidissement, les variations du module de Young du BO montrent une légère baisse tandis que celle du BHP présentent une diminution linéaire. Cette différence est due à la différence entre les compositions des bétons testés où nous avons plus de dégradation dans le cas du BHP où le squelette solide est plus important par rapport au BO. Pour cette gamme de température, l'absence de la déformation du fluage thermique transitoire au cours de la phase de refroidissement est la raison principale de la diminution des valeurs du module d'Young où l'on peut observer plus de micro-fissures, et donc, un endommagement plus important pour les bétons avec une squelette solide plus riche en constituants (cas du BHP dans notre cas).

La méthode d'essai présentée dans la troisième partie a été utilisée dans la quatrième partie pour suivre le comportement des spécimens du BO, du BHR et du BHP lors des cycles de chauffage-refroidissement et particulièrement l'étude de la déformation thermique transitoire. Sous des conditions de service, les valeurs trouvées expérimentalement de cette déformation montrent que le BO possède les valeurs les plus petites alors que le BHP a les valeurs les plus importantes. Le BHR présente des valeurs intermédiaires, mais proches de celles du BHP.
En outre, sous conditions accidentelles, la déshydratation des CSH est la principale raison de l'augmentation du fluage thermique transitoire pour T>105°C. Alors que pour T<220°C et une vitesse de chauffage inférieure à 1,5°C/min, celle-ci n'a pas une grande influence sur les variations du fluage thermique transitoire. Ce comportement semble être prévisible. En effet, les plateaux de plusieurs heures de température appliquées, assurent la stabilisation de l'ensemble des processus physico-chimiques et en particulier la décomposition du gel CSH (qui est la principale raison de l'apparition de fluage thermique transitoire dans cette gamme de température <400°C).

Pour les trois types de béton, cette déformation ne se développe dans un deuxième cycle que si la température dépasse la température maximale atteinte lors du premier cycle. En outre, la valeur résiduelle de la déformation totale obtenue lors du déchargement à la fin de la partie de refroidissement est une preuve que la déformation thermique transitoire est irréversible. En

Conclusion générale

effet, dans la phase de refroidissement, l'absence de cette déformation est la raison principale de la valeur importante de la déformation totale finale. Cette absence va induire le développement des micro-fissures dans le spécimen et on peut observer une séparation entre la pâte de ciment et les agrégats. Par conséquent, la relaxation du champ de contrainte est absente dans la phase de refroidissement, ce qui provoque l'endommagement du matériau, qui a été observé expérimentalement par une importante valeur de la déformation totale finale.

Références

Anderberg Y. and Thelandersson S. (**1973**), *Stress and deformation characteristics of concrete at high temperature*, Lund Institute of technology (Sweden) : Division of Structural Mechanics and Concrete Construction, 84p. Internal rep. no Alba15/04-01.

Alnajim A. (**2004**), Modélisation et simulation du comportement du béton sous hautes températures par une approche thermo-hygro-mécanique couplée. Application à des situations accidentelles. Thèse de doctorat, UMLV, France, 172 p

Ahmed G. N. and Hurst J. P. (**1995**), Modelling the thermal behaviour of concrete slabs subjected to the ASTM E119 standard fire conditions, J. Fire Protection Engrg.,7 (4), 125-132

Baroghel-Bouny V. (**1994**), Caractérisation des pâtes de ciment et des bétons. Méthodes, analyse, interprétation, Thèse de doctorat de l'ENPC, Paris, 468 p.

Bažant Z. P. and Najjar L. J. (**1972**), Nonlinear water diffusion in nonsaturated concrete, Matériaux Constructions, Paris, 5(25):3-20.

Bažant Z.P. and Chern J.C (**1985**), Concrete creep at variable humidity: constitutive law and mechanism. Materials and Structures 18 :1-20.

Bažant Z. P. and Thonguthai W. (**1978**), *Pore pressure and drying of concrete at high temperature*, In J. Eng. Mech. Div. ASCE. 104: 1059-1079.

Bažant Z. P. and Kaplan M. F. (**1996**), Concrete at High Temperatures: Material Properties and Mathematical Models, Harlow: Longman.

Bažant Z. P. (**1997**), Analysis of pore pressure: thermal stresses and fracture in rapidly heated concrete, Proc, In Workshop on Fire Performance of High-Strength Concrete, NIST Spec. Publ. 919, L. T. Phan, N. J. Carino, D. Duthinh, and E. Garboczi, (eds), National Institute of Standards and Technology, Gaithersburg, Md., 155-164.

Benboudjema F. (**2002**), *Modélisation des déformations différées du béton sous sollicitations biaxials. Application aux enceintes de confinement de bâtiments réacteurs des centrals nucléaires*,Thèse de doctorat, UMLV, France, 258 p.

Bourgeois F., Burlion N. and Shao J.F. (**2002**), *Modelling of elastoplastic damage in concrete due to desiccation shrinkage*, International Journal for Numerical and Analytical Methods in Geomechanics, 26, p. 759-774.

Chakari Maher (2011), Effets de hautes températures sur le comportement résiduel du béton ordinaire, Laboratoire de Génie Civil, Ecole Nationale d'Ingénieurs de Tunis.

Chang Y.F. , Chen Y.H., Sheu M.S., Yao G.C. (**2006**), Residual stress–strain relationship for concrete after exposure to high temperature. Cement and Concrete Research 36 1999–2005.

Cheyrezy M. (**2000**), Comportement au feu des BHP. Continuing Education Course on Fire Security and Concrete Structures, Ecole Nationale des Ponts et Chaussées, Paris, 7pp.

Références

Colina H. (2000), Etude du fluage thermique transitoire du béton. Advancement Report of CEA-ENPC Research Project, 27pp.

Colina, H. & Sercombe, J. (2004), *Transient Thermal Creep of Concrete at Temperatures up to 300°C in Service Conditions*. Magazine of concrete research, 56, No10, p.559-574

Couture F. Jomaa W. and Puiggali J.-R. (1996), Relative permeability relations: a key factor for a drying model, Transp. Porous Media, 23, 303–335.

Dal Pont S. and Ehrlacher A. (2004), Numerical and experimental analysis of chemical dehydration, heat and mass transfers in a concrete hollow cylinder submitted to high temperatures, Int. J. Heat and Mass Transfer, 47,p135-147.

Diederichs U., Jumppanen U. M., and Penttala V. (1992), 'Behaviour of high strength concrete at high temperatures'. Espoo 1989. Julkaisu/Report 92

Dias W.P.S ,Khoury G.A and Sullivane P.J.E. (1990), Mechanical properties of hardened cement paste exposed to temperatue up to 700°C (1292F),ACI Materials Journal, vol 87,n°2,p160-166.

DOCUMENT TECHNIQUE UNIFIE (DTU) 1987. 'Méthode de prévision par le calcul du comportement au feu des structures en béton'. Règles de calcul FB. AFNOR DTU P92-701 Octobre 1987, décembre 1993, décembre 2000.

Gawin D., Majorana C. E. and Schrefler B. A. (1999), *Numerical analysis of hygro-thermic behaviour and damage of concrete at high temperature*, In Mech. Cohes.-Frict. Mater. 4: 37-74.

Gawin D., Pesavento F. and Schrefler B.A (2003), Modelling of hygro-thermal behavior of concrete at high temperature with thermo-chamical and mechanical degradation, Comput. Methods Apll. Mech. Engrg.192, 1731-1771

Gawin D., Pesavento F. and Schrefler B.A (2004), Modelling of deformations of high strength concrete at elevated temperatures. Materials and Structures, **37**, p. 218 – 236

Ghan Y. N., Peng G. F., Anson M. (1999), Residual strength and pore structure of high-strength concrete and normal strength concrete after exposure to high temperatures. Cement and Concrete Composites 21 (1999) 23-27

Gross H. (1973), *On high temperature creep of concrete, International Conference on Structural Mechanics in Reactor Technology 2nd SMIRT vol. 3, Berlin : Edited by T.A. Jaeger. Paper H6/5.*

Ehrlacher A.; Ruiz L.A.; Platret G.; Massieu E., (2005) 'The use of thermal analysis assessing the effect of temperature on a cement paste'. Cement and concrete research, vol 35, 609-613.

Références

Farage M.C.R., Sercombe J., Galle C. (2003), Rehydration and microstructure of cement paste after heating at temperatures up to 300°C. Cement and Concrete Research, 33, 1047–1056

Feraille A. (2000), Le rôle de l'eau dans le comportement a haute température des bétons, Thèse de doctorat, ENPC, France, 186 p.

Franssen J.M (1987), Etude du comportement au feu des structures mixtes acier-béton. Thèse de Doctorat, Université de liège, Belgique, 276p.

Hager I.G (2004), Comportement à haute température des bétons à haute performance-évolution des principales propriétés mécaniques, Thèse de doctorat, ENPC, France.

Handoo S.K., Agarwal S., Agarwal S.K. (2002), Physicochemical, mineralogical, and morphological characteristics of concrete exposed to elevated temperatures, Cem. Concr. Res. 32, No. 7 1009–1018.

Handoo S.K., Agarwal S., Agarwal S.K., Ahluwalia S.C. (1997), Effect of temperature on the physico-chemical characteristics of hardened concrete, 10th International Congress of Chemistry of Cement (in: H. Justnes (Ed.)), Gothenburg, Sweden, June 2 –6 4IV 067,1997, 4.

Harada T., Takeda J., Yamane S. and Furumura F. (1972), Strength, elasticity and thermal properties of concrete subjected to elevated temperatures. In International Seminar on Concrete for Nuclear reactors. ACI Special Publication,1972, paper SP34,p 377-406

Harmathy T.Z. (1968), Determining the temperature history of concrete constructions following fire exposure, ACI J. , 65, No. 11, 959– 964.

Harmathy T.Z and Allen L.W. (1973), Thermal properties of selected masonry unit concretes, Journal of American Concrete Institute, vol. 70, no 2, p 132-142.

Heinfling G. (1998), Contribution à la modélisation numérique du comportement du béton et des structures en béton armé sous sollicitations thermomécaniques à hautes températures, Thèse de doctorat, INSA de Lyon, 227 p.

Incropera F. P. and de Witt D. P. (1990), Fundamentals of Heat and Mass transfer, 3rd ed., Wiley, New York.

Ju J.W. and Zhang Y. (1998), *Axisymmetric thermomechanical constitutive and damage modeling for air field concrete pavement under transient high temperature*, Mechanics of Materials, 29, 307-323.

Kameche Z.A. ; Kazi A.F. ; Semcha A. ; Belhadji M., 2009: *'Effets des hautes températures sur le comportement du béton : Application au revêtement des tunnels'*. Conférence internationale sur l'environnement bâti durable des infrastructures dans les pays en développement. ENSET Oran (Algérie), 12-14 octobre 2009.

Références

Kalifa, P. (1998), Le comportement des BHP à hautes températures, état de la question et résultats expérimentaux. Seminary of High Performance Concrete: innovations, regulations and new applications, French School of Concrete and National Project BHP 2000, Cachan, 27pp.

Khoury G. A. ., Grainger B. N. and Sullivan, P. I. E. (1985), Grainger B. N. and Sullivan P. J. E., Transient thermal strain of concrete: literature review, conditions within specimen and behaviour of individual constituents. Magazine of Concrete Research, **37** (132), 131-144

Khoury G. A., Grainger B. N. and Sullivan, P. I. E. (1985), *Strain of concrete during first heating to 600 °C under load*, Magazine of Concrete-Research, 37(133) December, pp. 195-215.

Khoury G. A (1999). Mechanical behaviour of HPC and UHPC at high temperature in compression, Final HITECO BRITE report.

Khoury G. A. (2003) Testing Conditions. Course on Effect of Heat on Concrete. International Center for Mechanical Sciences (CISM), Udine, 25 pp.

Krzys C. (1999), *Analyse de trois méthodes de détermination du degré d'hydratation du béton (Training report),* Service Physico-chimique du Laboratoire Centrale des Ponts et Chaussées, Paris.

Küttner C. H. and Ehlert G. (1992), Experimental investigations of transitional creep of concrete at temperatures up to 130°C and boundary moisture conditions. Wiss. Z. Hochsch. Archit. Bawes. - B - Weimar, **38**, 211-218.

Labani J. M. and Sullivan P. JM. (1974), *The performance of lightweight aggregate concrete at elevated temperature, Imperial College (London): Concrete Structure and Technology, 100 p.* Reports CSTR no 7312.

Lea, F. and Stradling, R. (1922*) 'The resistance of fire of concrete and reinforced concrete'. Engineering,. 110, p. 293-298.*

Lee J. and Fenves G.L. (1998), *Plastic-damage model for cyclic loading of concrete structures*, Journal of Engineering Mechanics, 124 (8), p. 892-900.

Lewis R. W. and Schrefler B. A. (1998), The Finite Element Method in the Static and Dynamic Deformation and Con-solidation of Porous Media. Chichester: Wiley & Sons.

Lion M., Skoczylas F., Lafhaj Z., Sersar M. (2005), Experimental study on a mortar. Temperature effects on porosity and permeability. Residual properties or direct measurements under temperature. Cement and Concrete Research; 35; 1937 – 1942

Luigi Biolzi , Sara Cattaneo, Gianpaolo Rosati; Evaluating residual properties of thermally damaged concrete. Cement & Concrete Composites 30 (2008) 907–916.

Mainguy M., Coussy O. and Baroghel-Bouny V. (2001), *Role of air pressure in drying of weakly permeable materials*, J. Eng. Mech., 127(6), 582–592.

Références

Mason E. A. and Monchik L. (1965), Survey of the equation of state and transport properties of moist gases, Humidity Moisture Measurement Control Science, 3, 257–272.

Midgley H.G. (1978), The use of thermal analysis methods in assessing the quality of high alumina cement concrete, J. Therm. Anal., 13, No. 3, 515– 524.

Mirza W. H., Al-Noury S. I., Al-Bedaoui W.H. (1991), Temperature effect on strength of mortars and concrete containing blended cements. Cement and concrete composites 13, 197-202.

Mehmet S. C, Turan O.Z. (2002), Effect of elevated temperatures on the residual mechanical properties of high-performance mortar. Cement and Concrete Research, 32, 809–816.

Menou A. (2004), 'Etude du comportement thermomécanique des bétons à haute température:Approche multi-échelles de l'endommagement thermique'. Thèse de doctorat réalisée à l'Université de Pau.

Mounajed G. (2004), Expérience Théorie et Modèles Numériques, des méthodes combinées pour l'étude du comportement Multi Physiques et Multi Echelles des structures et matériaux, HDR, Université de Pierre et Marie Curie,235 p.

Msaad Y (2005), Analyse des mécanismes d'écaillage du béton soumis à des températures élevées. Thèse de doctorat, ENPC.

Nechnech W. (2000), *Contribution à l'étude numérique du comportement du béton et des structures en béton armé soumises à des sollicitations thermiques et mécaniques couplées : Une approche thermo-élastoplastique endommageable*, Thèse de doctorat, INSA de Lyon, 207 p.

Noumowe A. (1995), Effet de hautes températures (20-600°C) sur le béton - Cas particulier du béton à hautes performances. Thèse de Génie Civil : Institut National des Sciences Appliquées de Lyon et Univ. Lyon I, 1995

Obeid W., Mounajed G. and Alliche A. (2001), *Mathematical formulation of thermo-hygromechanical coupling problem in non-saturated porous media*, Comput. Methods Appl. Mech.Engrg., vol. 190, 5105-5122.

Pasquero D. (2004), Contribution à l'étude de la déshydratation dans les pâtes de ciment soumisesà haute température, Thèse de doctorat, ENPC,Paris

Pesavento. F (2000), Non linear modelling of concrete as multiphase material in high temperature conditions. PhD thesis, Universita degli Studi di Padova

Pezzani P. (1988), Propriétés thermodynamiques de l'eau (K585), Techniques de l'ingénieur, traité constantes phisico-chimiques.

Philleo R (1958), Some physical properties of concrete at high temperatures. Journal of the American Concrete Institute,1958, vol 29,n°10,p 857-864

Références

Perre P. (1987), *Measurements of softwoods' permeability to air: importance upon the drying model*, Int. Comm. Heat Mass Transfer, 14, 519–529.

Pimienta, P. & Hager, I. (2002), Evolution des caractéristiques des BHP soumis à des températures élevées (tranche 2). Fluage thermique transitoire. Rapport du CSTB pour le Projet National BHP 2000, 28pp.

Raina S.J., Vishwanathan V.N., Ghosh S.N. (1978), Instrumental techniques for investigation of damaged concrete, Indian Concr. J. 52 147– 149.

RILEM TC 129-MHT (1997), Test methods for mechanical properties of concrete at high temperatures. Recommendations: Part 6: Thermal Strain. Materials and Structures, Supplement March, 17-21.

RILEM TC 129-MHT (1998), Test methods for mechanical properties of concrete at high temperatures. Recommendations: Part 7: Transient Creep for service and accident conditions. Materials and Structures, **31**, 290-295.

RILEM TC 129-MHT (2000), Test methods for mechanical properties of concrete at high temperatures. Recommendations: Part 8: Steady-State Creep and Creep Recovery. Materials and Structures, **31** (225).

Ruiza L.A., Platret G., Massieu E., Ehrlacher A. (2005), The use of thermal analysis in assessing the effect of temperature on a cement paste, Cement and Concrete Research, 35 609–613

Ruiz A. L.(2003), Analyse de l'évolution de la microstructure de la pâte de ciment sous chargements thermiques, Thèse de doctorat, Ecole nationale des ponts et de chaussées,201p.

Sabeur H. (2006): 'Etude du comportement du béton à hautes températures: Une nouvelle approche thermo-hygro-mécanique couplée pour la modélisation du fluage thermique transitoire'. Thèse de doctorat réalisée à l'Ecole des Ponts et Chaussées de Paris et à l'Institut Francilien des Sciences Appliquées (Université de Marne la vallée).

Sabeur H.& Colina H. (2006), Transient Thermal Creep of Concrete in Accidental Conditions at Temperatures up to 400°C. Magazine of concrete research, 58, No.4, May, 201-208.

Sabeur H. (2011), On the modeling of the dehydration induced transient creep of concrete at high temperatures, Materials and structures, 44:1609–1627.

Sabeur H., Meftah F., Colina H. & Plateret G. (2008), Correlation between transient creep of concrete and its dehydration, Magazine of concrete research, 60, No.3, April, 157-163.

Sabeur H. et Meftah F. (2008), Dehydration creep of concrete at high temperatures. Materials and structures, 41: 17-30.

Sabeur H.& Colina H.and Bejjani M. (2007), Elastic strain, Young's modulus variation during uniform heating of concrete, Magazine of concrete research, 2007, No. 8, October, 559-566.

Références

Sabeur H. and Colina H. (2012), Effect of a heating–cooling cycle on elastic strain and Young's modulus of high performance and ordinary concrete, Materials and Structures 45:1861–1875.

Sabeur H. and Colina H. (2014), Effect of heating cooling cycles on transient creep strain of high performance, high strength and ordinary concrete under service and accidental conditions, Materials and Structures, *in press*.

Serdar A., Halit Y., Bulent B. (2008), High temperature resistance of normal strength and autoclaved high strength mortars incorporated polypropylene and steel fibers. Construction and Building Materials, 22 , 504–512.

Sha W., O'Neill E.A., Guo Z. (1999), Differential scanning calorimetry study of ordinary Portland cement, Cem. Concr. Res., 29, No. 9 1487– 1489.

Schrefler B.A., (1995), *F.E. in environmental engineering : coupled therm-hydro-mechanical processes in porous media including pollutant transport*, Archive of Computational Methods in Engineering, vol. 2, pp 1-54.

Schneider U. (1982), Behaviour of concrete at high temperatures. Paris: RILEM, 72p. Report to Committee no 44-PHT.

Schneider U. (1988), *Concrete at high temperatures: A general review*, Fire safety Journal, vol. 13, p 55-68.

Schneider U. and Herbst H. J. (1989), *Permeabilitaet und Porositaet von Beton bei hohen Temperaturen (in German)*, Deutscher Ausschuss Stahlbeton, 403, 23–52.

Thienel K.-Ch. and Rostasy F. S. (1996), Transient creep of concrete under biaxial stress and high temperature. Cement and Concrete Research, **26** (9), 1409-1422.

Ulm F. J., Coussy O. and Bažant Z. P. (1999), *The "Chunnel" Fire. II: Analyses of concrete damage*, J. Engineering Mechanics, ASCE, vol. 125, No. 3, pp. 283-289, 1999.

Xiao J. and Konig G. (2004), Study on concrete at high temperature in China—an overview, Fire Safety Journal 39,pp 89–103

ANNEXE A

Perméabilité intrinsèque :

D'après (Pesavento, 2000) et (Gawin, 2003) la perméabilité intrinsèque est donnée par la relation suivante:

$$K(T, p, D_M) = K_0 \cdot 10^{A_T \cdot (T-T_0)} \cdot \left(\frac{p^g}{p_0^g}\right)^{A_p} \cdot 10^{A_d \cdot D_M}$$

où T_0 est la température ambiante, p_0^g est la pression atmosphérique, A_T, A_p sont des constantes du matériau qui dépendent du type du béton et qui décrivent l'effet de la fissuration sur la perméabilité due à l'augmentation de la pression et de la température et A_d est un paramètre associé à la variable d'endommagement D_M

Perméabilité relative des fluides

Quand l'humidité relative atteint des valeurs supérieures à 75%, une légère augmentation du flux de l'eau capillaire est observée (Bažant & Najjar, 1972). Ce type de comportement peut être décrit à travers la relation suivante :

$$k_{rl} = \left[1 + \left(\frac{1-RH}{0.25}\right)^{B_l}\right]^{-1} \cdot S^{A_l}$$

où A_l, B_l sont des constantes dont les valeurs sont dans l'intervalle <1,3>. Selon Gawin et al.(1999) cette équation a de bonnes propriétés numériques et elle permet d'éviter d'utiliser le concept de la saturation irréductible qui crée de sérieux problèmes numériques (Couture et al., 1996).

La perméabilité relative au gaz au sein du béton dépend elle aussi de la saturation. En se basant sur le modèle de Mualem (1976), Luckner propose alors l'expression suivante :

$$k_{rg}(S^l) = \sqrt{1-S^l}\left(1-S^{1/A}\right)^{2A}$$

Viscosité des phases fluides

La viscosité de l'eau liquide μ_l [Pa s] dépend fortement de la température et peut être approchée par la formule suivante (Thomas & Sansom, 1995) :

$$\mu_l = 0,6612(T-229)^{-1,562}$$

Les valeurs correspondantes à cette formule sont comparées avec les résultats expérimentaux obtenus par (Incropera & de Witt, 1990).

Annexe A

La viscosité de l'air humide μ_g [Pa s], fonction de la température et de la proportion entre les pressions de la vapeur et du gaz, peut être approchée, en utilisant les résultats expérimentaux de (Mason & Monchic, 1965), selon la formule suivante :

$$\mu_g = \mu_v + (\mu_a - \mu_v)\left(\frac{p^a}{p^g}\right)^{0,608}$$

avec p^a/p^g est la fraction molaire de l'air sec dans le gaz et μ_v est la viscosité dynamique de la vapeur d'eau :

$$\mu_v = \mu_{v0} + \alpha_v (T - T_0)$$

avec μ_{v0} = 8,85 × 10^{-6} [Pa s], α_v = 3,53 × 10^{-8} [Pa s K^{-1}]. En outre, la viscosité dynamique de l'air μ_a est donnée par :

$$\mu_a = \mu_{a0} + \alpha_a (T - T_0) + \beta_a (T - T_0)^2$$

avec μ_{a0} = 17,17 × 10^{-6} [Pa s], α_a = 4,73 × 10^{-8} [Pa s K^{-1}], β_a = 2,22 × 10^{-11} [Pa s K^{-2}]. Dans la littérature, la viscosité dynamique du gaz est donnée en fonction de la température uniquement (Pezzani, 1988) :

$$\mu_g = 3,85 \times 10^{-8} T$$

Oui, je veux morebooks!

I want morebooks!

Buy your books fast and straightforward online - at one of the world's fastest growing online book stores! Environmentally sound due to Print-on-Demand technologies.

Buy your books online at

www.get-morebooks.com

Achetez vos livres en ligne, vite et bien, sur l'une des librairies en ligne les plus performantes au monde!
En protégeant nos ressources et notre environnement grâce à l'impression à la demande.

La librairie en ligne pour acheter plus vite

www.morebooks.fr

OmniScriptum Marketing DEU GmbH
Heinrich-Böcking-Str. 6-8
D - 66121 Saarbrücken   Telefax: +49 681 93 81 567-9

info@omniscriptum.de
www.omniscriptum.de

Printed by Books on Demand GmbH, Norderstedt / Germany